JN250444

廃家電　廃油　林地残材　産業廃棄物
建設廃棄物　小型家電　古紙
食品廃棄物　生ごみ
廃プラスチック　バイオマス
ペットボトル
容器包装

ごみは宝の山

田中　勝　鳥取環境大学　サステイナビリティ研究所長

アルミ　金　鉄　銀　BDF
ノアメタル　紙
ガラス　バイオガス
電気　アルミ　環境教育
紙　バイオガス
金　**環境新聞社**　大切さ

まえがき

アメリカジョージア州で 2004 年 6 月に開催の G 8 シーアイランドサミットにおいて、小泉総理（当時）により 3 R イニシアティブが提唱され、「3 R 行動計画」が採択されて 10 年以上が経ちました。この間、日本をはじめとする G 8 各国はもちろん世界中の国々で、3 R やごみ処理の改善への取り組みによって、資源を大切に環境を大切にする循環型社会構築に向けての取り組みがなされてきました。

「循環型社会」とは、3 R 活動やごみ処理によって資源や環境を大切にする社会であり、そのためにはごみの発生を減らし、発生したごみは徹底的に活用し安全に処理して環境を保全しなければなりません。ごみ問題をできるだけ根本的に解決し、継続的に改善していく必要があります。しかし実際のところ、この「循環型社会」という言葉やその意義などはまだ広く理解されていません。

そのような世間とのギャップに、ごみ問題を解決するための研究や教育に係わる者として何ができるか、と考え企画したのがこの『ごみは宝の山』の出版です。本書は、私が日本経済新聞社の「日経エコロミー」に連載した記事「ゴミ対策が地球を救う」（2007 年 6 月〜 2010 年 3 月連載）と、公益社団法人全国産業廃棄物連合会発行の月刊誌『いんだすと』に掲載された記事「循環型社会構築」（2008 年 9 月〜 2015 年 3 月連載）から抜粋し、加筆修正してまとめた内容です。

日本、そして世界の「循環型社会構築」に向けたさまざまな取り組みの中でも、「ぜひここは読んで欲しい、知っておいて欲しい」というポイントに絞って編纂しました。本書は全 6 章から成り、第 1 章は「地球が直面する 3 大危機」と題をつけました。現在、地球規模で起こっている環境問題について解説しました。第 2 章は「ごみ学のすすめ」で、ごみ問題の奥深い点を紹介しました。第 3 章は、「世界のごみ処理」と題

して日本や世界のごみ処理事情を載せています。第4章「世界のごみ発電」では、ごみをエネルギー源とするごみ発電について、最新のヨーロッパでの取材内容も含めて紹介しています。第5章は「世界のごみ利活用」です。日本や世界での3R、バイオマス利活用の事例をまとめました。そして最終章の第6章は「ごみ対策で世界平和を」として、ごみ対策の未来を皆さんと一緒に考えたいと思います。

　どの記事も、私が実際に現地に赴き関係者にインタビューし、施設を見学した内容を写真や図を使って解説しています。「ごみ」と聞くと環境に悪いもの、不要なもの、邪魔なもの、と余り良いイメージを持てないのではないでしょうか。しかし本書を読んでいただければきっと「ごみ」のイメージが変わると思います。例えば、ごみとして捨てられているものをリサイクルすれば、新たな付加価値を持った商品に生まれ変わります。また、ごみを回収して焼却すれば、その熱を利用して発電できるので、エネルギー問題の解決に役立つのです。まさに、タイトル通り『ごみは宝の山』なのです。本書を読んだ皆さんがごみの適切な処理の仕方を知り、エネルギーや資源の浪費を防ぐエコライフを実践すれば、「循環型社会」が構築されるのです。

　本書は、私の所属する鳥取環境大学サステイナビリティ研究所の設立5周年記念として、過去8年間の研究活動を集大成するために出版するものです。2009年7月に設立されて以来、海岸に打ち上げられる海ごみ問題を解決するテーマや廃棄物系バイオマスの利活用に多くの住民がかかわると共にエコライフを広める活動をしてきました。資源を大切にし、環境を大切にするために世界の人々が活動する社会になれば、地球は平和になると信じています。

2015年3月

田中　勝

目　次

出典

1-1 日経エコ 2007 年 11 月
1-2 日経エコ 2007 年 11 月
1-3 日経エコ 2007 年 12 月
1-4 日経エコ 2007 年 6 月
2-1 日経エコ 2008 年 9 月
2-2 日経エコ 2008 年 10 月
2-3 日経エコ 2008 年 10 月
2-4 日経エコ 2009 年 4 月
2-5 日経エコ 2008 年 1 月
2-6 日経エコ 2009 年 9 月
3-1 3-2 3-3
　　 都市清掃 2014 年 11 月
3-4 いんだすと 2008 年 10 月、11 月
3-5 日経エコ 2008 年 2 月
3-6 日経エコ 2009 年 8 月
3-7 日経エコ 2008 年 11 月
3-8 日経エコ 2008 年 12 月
3-9 日経エコ 2009 年 1 月
3-10 いんだすと 2014 年 1 月、2 月
4-1 いんだすと 2009 年 1 月
4-2 いんだすと 2009 年 2 月
4-3 いんだすと 2009 年 3 月
4-4 いんだすと 2009 年 4 月
4-5 いんだすと 2008 年 12 月

4-6 いんだすと 2014 年 11 月
4-7 いんだすと 2014 年 12 月
4-8 いんだすと 2015 年 3 月
5-1 いんだすと 2010 年 4 月
5-2 日経エコ 2007 年 6 月
5-3 いんだすと 2009 年 9 月
5-4 日経エコ 2010 年 2 月
5-5 いんだすと 2010 年 10 月
5-6 いんだすと 2013 年 1 月
5-7 いんだすと 2009 年 8 月
5-8 日経エコ 2007 年 7 月
5-9 日経エコ 2008 年 4 月
5-10 日経エコ 2007 年 6 月
5-11 日経エコ 2009 年 11 月
5-12 日経エコ 2009 年 9 月
5-13 いんだすと 2010 年 3 月
5-14 いんだすと 2011 年 6 月
5-15 いんだすと 2012 年 12 月
5-16 いんだすと 2014 年 4 月、5 月
5-17 日経エコ 2007 年 10 月
6-1 日経エコ 2009 年 1 月
6-2 日経エコ 2007 年 12 月
6-3 日経エコ 2008 年 1 月
6-4 日経エコ 2010 年 3 月

※日経エコ＝日経エコロミー

第1章　地球が直面する3大危機

1-1　環境面の3大危機

　わが国として世界に貢献する上での指針となる「21世紀環境立国戦略」が2007年6月に閣議決定されました。これは環境立国・日本を実現するための戦略的な今後の環境政策の羅針盤でもあります。地球規模での環境問題は、地球規模で取り組まなければなりません。地球温暖化の危機、資源浪費による危機、生態系の危機の3つが人類が直面する環境面の3大危機と言えます。これらはいずれも廃棄物、ごみ処理と深く関係しています。私も関わった環境省でまとめた「21世紀環境立国戦略」報告書の一部について紹介しましょう。

地球温暖化の危機

　炭酸ガスなど温室効果ガスの増加により過去100年で世界平均気温が0.74度（摂氏）上昇しましたが、これからの100年で、化石資源に依存する社会シナリオでは6.4度（摂氏）上昇されると予想されています。地球温暖化の影響は、気温が上昇し、海面の水位が上昇し、積雪の面積は減少し、熱波による死亡、媒介生物による感染症リスクが増加すること等が指摘されています。ごみの焼却処理では炭酸ガスが、埋立処分ではメタンガスといった温室効果ガスの発生があり、ごみ処理にも地球温暖化の抑制への配慮が求められています。

資源浪費による危機

　今までは私たちの生活が豊かになるために大量に生産、大量に消費し、その結果大量に廃棄物を排出してきました。私たちは地球上の資源が無限にあるかのごとく浪費し、地球を汚染してきました。主要な鉱物資源の残余年数は30～40年と報告されています。人々の資源消費量を自然

の生産能力で割ったエコロジカル・フットプリント（注）は１を超えており、開発途上国の人たちが先進国並みに生活をすれば、この数字は２になります。

　廃棄物である循環資源（注）も含めた資源争奪戦が繰り広げられ、循環資源の越境移動が増え、環境上不適切なリサイクルが行われる心配が指摘されています。資源の浪費の証が廃棄物であり、資源保全のために「ごみゼロ社会」といったスローガンで、廃棄物の発生抑制、リサイクルが叫ばれています。

> **注：エコロジカル・フットプリント**
> 　人間活動が環境に与える負荷を、資源の再生産および廃棄物の浄化に必要な面積として示した数値。生活を維持するのに必要な一人当たりの陸地および水域の面積。

> **注：循環資源**
> 　廃棄物のうち有用なものをいう。発生した廃棄物等についてはその有用性に着目して「循環資源」として捉え直し、その適正な循環的利用（再使用、再生利用、熱回収）を図るべきこと、循環的利用が行われないものは適正に処分することを規定し、これにより「天然資源の消費を抑制し、環境への負荷ができる限り低減される社会を循環型社会と言う」
> 出典　循環型社会形成推進基本法第２条（2000 年公布）

生態系の危機

　私たち人間は色々な生物が生息する豊かな生態系から多くの恩恵を受けています。食糧、清浄な大気や水、健全な自然環境などです。それが開発などの人間活動による土壌の流失、水資源不足、水質悪化、大気汚染を誘発し、その結果生物多様性の大幅な喪失といった損失が見られます。

　ごみ処理の面では、名古屋市が広大な海面埋立処分場を、藤前干潟に建設する計画がありましたが、生態系への大きな影響が危惧され断念し

た例があります。また廃棄物の不法投棄や不適正な処分による生態系への悪い影響が指摘されています。ごみのオープンダンプや野焼きによる生態系への悪い影響を食い止める必要があります。

持続可能な社会

　健全で恵み豊かな環境が身近な地域から地球規模まで保全されるとともに、それらを通して世界の人々が幸せを実感できる生活を享受でき、将来世代にも継承されることができる社会を持続可能な社会と呼んでいます。そのためには（1）環境を壊さないように、環境への負荷が環境容量を超えないようにする「低炭素社会」の実現、（2）新たに採取する天然資源と自然界に排出するものを最小化し、資源の循環的利用が確保される「循環型社会」の実現、（3）健全な生態系が維持され、自然と人間との共生が確保される「自然共生社会」の実現が重要です（図1-1）。

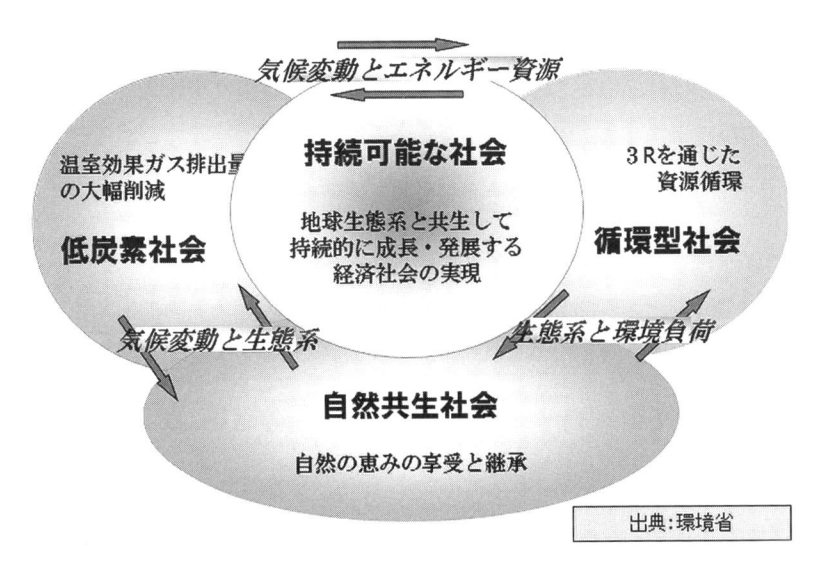

図1-1　持続可能な社会に向けた総合的な取り組み

プラスチック容器は貴重な循環資源

　資源制約や廃棄物を受け入れる環境の容量の制約から、今行っている私たちのごみ処理では、持続可能な社会を脅かす恐れが出てきました。

　廃棄物のマネジメントにおいては廃棄物の発生を抑制し、再使用、再生利用を推し進めて、新たに採取する資源をできるだけ少なくする「循環型社会」、不法投棄や不適正な処理をなくして、よりレベルの高い廃棄物適正処理の確保により温室効果ガスをできる限り少なくした「低炭素社会」、自然環境を大切にする「自然共生社会」の実現を図る統合的な取り組みを展開していかなければいけません。持続可能な社会の構築は、わが国のみならず世界共通の課題であり、国内外の幅広い関係者の参加を得て、世界の一人ひとりの輪を広げていくことが求められていると言えましょう。

1-2　環境立国戦略 ——気候変動問題への戦略

　人類が直面する環境面の３大危機である、地球温暖化の危機、資源浪費による危機、生態系の危機に日本はどのように貢献できるのでしょうか？　日本は世界に誇る環境・エネルギー技術、深刻な公害克服の経験と知恵、意欲と能力溢れる豊富な人材を備えており、これらを環境から

拓く経済成長や地域活性化の原動力として、幅広い関係者が一致協力して世界の繁栄に貢献したいものです。今後重点的に着手すべき戦略のうちまず気候変動問題への戦略を見てみましょう。

環境立国・日本の施策の方向

　日本には自然を尊重し共生することを常とし、協働して守り育てていく知恵と伝統があります。自然に対する謙虚な気持ちを持って自然との共生を図る知恵と伝統を現代に再び生かすことにより、自然の恵み豊かな美しい国づくりを目指します。

　また環境保全への対応として、省エネルギー、省資源、低炭素社会への切り札である安全な原子力などの環境・エネルギー技術に磨きをかけ、新たなビジネスチャンスや社会の活力を生み出し、環境保全とともに経済成長と地域活性化の実現を図ります。

　世界規模の環境問題を見てみると、急速な経済成長をしているアジア地域において、大気汚染、水質汚濁、廃棄物の不適正処理などの深刻な環境汚染が懸念され、地球温暖化ガスの急増など地球環境にも大きな影響を及ぼしています。そこで地理的にも密接な関係のあるアジア地域をはじめとして、世界の国々と協働して、このような問題の解決に取り組みます。特に途上国の公害対策等と温暖化対策との相乗的・一体的な対策（コ・ベネフィット対策）を推進するために、開発途上国における環境と貧困の悪循環の解消を目指して、国際協力を展開します。

気候変動問題の克服

　2007 年ノーベル平和賞を受賞した、気候変動に関する政府間パネル（IPCC）の報告では、地球温暖化は疑う余地はなく、気候変動がもたらす影響について健全な危機意識を共有し、私たちの意識改革とそれに基づく行動に移らなければならないとしています。

　そのためには技術の開発や社会生活の変革により、排出削減を進めな

がら、経済成長を維持することを可能としなければなりません。そのカギは、優れた技術と、環境と調和した社会の仕組みや、地球を守ろうとする人々の強い意思です。また地球温暖化対策は、世界全体で取り組むべき問題であり、そのための新たな枠組みを作る必要があります。

美しい星 50

　わが国からは、気候変動問題の解決のために 3 つの柱からなる「美しい星 50」を提案しています。1 つ目の柱は、温室効果ガスの排出量を自然界の吸収量 31 億 t ／年（炭素換算）と同じレベルに抑えるために世界全体の排出量を現状の 318 億 t（2011 年度実績　出典：EDMC/ エネルギー・経済統計要覧 2014 年版）を 2050 年までに半減する（2050年までに排出量を半減して美しい星、地球を維持するという意味で「美しい星 50」と呼んでいる）という長期目標を全世界の目標にすることです。その実現には革新的な技術と公共交通の活用、コンパクトな街づくり、生活様式の変革により、低炭素社会にしていかなければなりません。2 つ目の柱として、中期目標としては 2013 年以降も温暖化対策ができるように、主要排出国であるアメリカ、中国、インドなども参加する枠組みを作ることです。途上国でも参加できるように、(1) 各国の事情に配慮した柔軟な枠組み、(2) 先進技術の進歩とその活用を促進し、(3)環境保全と経済発展を両立する枠組みを作るという 3 原則を提案しています。「美しい星 50」の 3 つ目の提案として、京都議定書に定める 6 ％削減目標を達成するために、日本が他国のモデルとなるように国民全体で取り組むことを提案しています。

国民運動とごみの減量

　炭酸ガスの排出量は一人当たりにして 10t ／年、日本全体では 13 億 tの排出に相当します。温暖効果ガスの削減のための国民運動では、具体的には一人 1 日 1 kg の温室効果ガスの削減を目標に、ライフスタイル

の見直しや、家庭や職場での努力や工夫を呼びかけます。廃棄物マネジメントに関連するものとしては、全体で排出される 13 億 t のうち 3.5% に相当する 4,800 万 t と推定されています。ごみの減量、廃プラスチックの削減、廃棄物系のバイオマスの利活用などまだまだ炭酸ガスの削減に廃棄物サイドから貢献できそうです。

化石燃料に頼らない新エネルギーに期待は高まる

1-3　環境立国戦略　——3R による資源循環の戦略

　環境面の３大危機の１つ、「資源浪費による危機」に対応するために、わが国の３Rの制度・技術・経験を国際的に展開しつつ更なる高度化に取り組むとともに、地球温暖化対策にも貢献し、G８での３Rイニシアティブの推進を図ります。

３Rの技術とシステムの高度化

　日本は廃棄物処理に伴うダイオキシン対策技術、廃棄物焼却技術、PCB 廃棄物処理技術など世界に誇れる技術がたくさんあります。これらの技術の高度化を図ります。

　製品のライフサイクル全体での天然資源投入量の最小化、資源生産性

の向上、環境負荷の低減を図る必要があります。資源の採掘から消費後廃棄物になって処分されるまでを環境面から評価するライフサイクルアセスメント手法の導入・普及を図ります。

廃棄物の適正処理と不法投棄対策を前提にし、複数市町村にまたがるバイオマス重視の「地域循環圏」を形成し、地域での循環が難しい物質については広域的な資源循環、国際的な資源循環を促進します。

「もったいない」精神を生かす社会システムとして、３R推進の関係者の連携強化、消費者に分かりやすい情報の提供、ごみの有料化など経済的インセンティブを活用した廃棄物削減を徹底的に行います。

３Rを通じた地球温暖化対策

廃棄物発電の導入により温室効果ガスの削減に貢献します。焼却施設から発生する中低温熱の業務施設等での利用を進めます。さらに廃棄物のライフサイクルアセスメント（WLCA）の観点を強化して効率的な、また効果的な３R・ごみ処理を進めます。廃棄物系バイオマスの有効活用、メタン発酵によるバイオガス化の推進、廃食用油等からバイオディーゼル燃料（BDF）の生成、汚泥などの固形燃料化などを推進します。

３Rイニシアティブの推進

2004年6月のＧ８シーアイランドサミット（アメリカ）で日本が提唱した３Rイニシアティブを、2008年7月開催の北海道洞爺湖サミットにおいて資源生産性の目標を設定し、Ｇ８の枠組みの中で３R推進方策を提案しました。

循環型社会形成推進基本計画を見直し、この計画を世界に発信してＧ８の先頭に立って３Rの推進に取り組みます。さらにアジアや世界で３Rを推進するための国際協力を充実します。

世界に誇れる廃棄物処理技術（東京のPCB廃棄物処理施設の一部）

アジアでの循環型社会の構築

人口の増加が激しい、また経済成長の著しいアジアにおいて、3R推進計画の策定支援やエコタウンといった日本モデルを循環型都市づくりへの協力を通じて、各国に適した形で展開していかなければなりません。日本をアジアにおける3R推進の拠点にします。

具体的には、タイにあるアジア工科大学（AIT）に3Rに関する情報拠点を構築します。またライフサイクルアセスメントを使った製品の環境配慮に係る国際基準・規格をアジア内に策定し普及させます。いわゆる「アジアンスタンダード」の策定と普及です。

また東アジアでの循環型社会の構築に向けた基本的な考え方や目標を定めた「東アジア循環型社会ビジョン」の策定につなげ、東アジア全体での適正かつ円滑な資源循環の実現を目指します。また途上国では適正処理が困難な廃棄物を日本が受け入れ、金属などを回収しリサイクルを進めます。

環境を考え行動する人づくり

環境保全への意欲、知恵、行動力溢れる人材を育て、活用し、地域の環境保全活動の輪を全国に広げ力強く後押しするとともに、アジアに向

けて発信します。

21世紀環境教育プラン、「いつでも（Anytime）、どこでも（Anywhere）、誰でも（Anyone）環境教育AAA（トリプルエー）プラン」などを展開します。環境に配慮した暮らしを促す質の高い環境教育の実施、学習の機会の多様化を図ります。持続可能な地域づくりを進めるコーディネーターなど国内外で活躍する環境リーダーを育成するイニシアティブを日本のみならずアジアでも展開します。

「もったいない」精神を広める3Rの取り組み、環境に配慮した住まいづくり、ライフスタイルの変革を促し、その成果を世界に発信します。省エネ、ごみゼロ・3R、緑づくり等の国民一人ひとりの行動に応える取り組みの普及を目指します。

より良い環境、より良い地域を作っていこうとする意識・能力を高め、地域全体として環境保全に向けた活力（地域環境力）の強化を図ります。

1-4　循環型社会とごみ処理

循環型社会とは

私たちは今よりももっとすばらしい社会になるために努力したいと願っています。20世紀は大量生産、大量消費、大量廃棄の時代で、このままでは資源の枯渇を招き、地球環境は破壊され、私たちが住んでいる地球の持続可能性が心配されます。また開発途上国の人口増と経済成長を背景に、地球温暖化や資源の浪費、地球規模の生態系の劣化が進めば、食料問題や貧困問題も更に深化する恐れがあります。持続可能な社会とは、資源枯渇の問題がなく、また地球温暖化や生態系が破壊されないで保全されている社会を意味します。そのような背景から、ごみ対策では資源と環境の制約に着目して循環型社会を作ろうと呼びかけてきました。資源問題や環境問題の心配のない循環型社会の実現が求められています。

循環型社会とは、循環型社会形成推進基本法（循環型社会基本法）によれば「天然資源の消費を抑制し、環境への負荷ができる限り低減される社会」と説明されています。すなわち資源と環境を大切にする社会といえます。

循環型社会とごみ処理

　それではなぜごみ処理サイドで、循環型社会の構築を叫んでいるのでしょうか。私たちの生活、経済活動が物質資源やエネルギー資源を消費し、その結果ガス状、液状、固形状の廃棄物を排出しています。すなわちごみは資源消費のバロメーターであり、その扱いによって資源の消費量を抑制したり環境負荷を削減でき、循環型社会構築の要のところに位置しているからです。排ガスの処理、汚水の処理により、大気環境、水環境、土壌環境をきれいに保つことができます。その結果発生したダストや汚泥の適正処理により環境負荷の低減が図られ、また廃棄物を循環資源ととらえ、３R（Reduce: 発生・排出抑制、Reuse：再使用、Recycle：再生利用）を推進することが天然資源の消費を抑制することにつながります。ゆえに循環型社会へのカギを廃棄物マネジメントが握っていることになるというわけです（図１－２）。

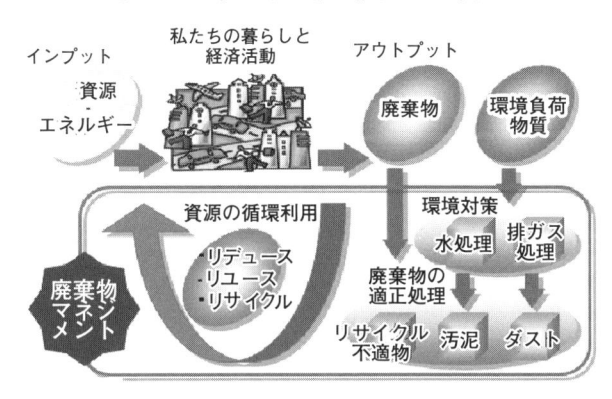

図 1-2　循環型社会と廃棄物マネジメント

世界の人々とともに

　現在ごみ処理の現場では、循環型社会を目指して３Ｒの推進をするために、それを排出する住民、それを計画・運営する自治体とそもそも製品を生産している事業者とで取り組んでいます。その結果、日本における廃棄物の削減とリサイクル率は世界でもトップクラスのレベルに達しています。

　では循環型社会への道のりは容易かというと決してそうではありません。世界全体で見た場合、人口は増え続け、経済・社会のグローバル化に伴ってやりとりされる資源・エネルギー量も増加傾向にあります。ここ数年、中国、東アジア太平洋地域の経済成長に伴い、消費される資源、特に化石燃料や鉄鋼等の消費の伸びは著しく、世界全体ではこれからますます資源消費が増加していくことは間違いないと言えます。

　では、私たちの資源消費量は現在の地球の自然の生産量と比較してどの程度のものなのでしょうか。世界の資源消費量と自然の生産量とを比

温暖化ガス排出抑制が緊急の課題となっている

較したエコロジカル・フットプリントという指標を見ると、人々の資源消費はすでに 1970 年代に地球の自然の生産量を上回っています。社会全体を変える必要があります。

　循環型社会の構築というとごみ処理サイドの責任が強調されがちですが、ごみ処理サイドだけで循環型社会の構築ができるわけではなく、人口抑制、消費者サイド、生産サイドの取り組みも必要です。

　以上から分かるように、循環型社会を形成推進するといっても、単にごみの３Ｒや適正処理を進めれば良いというものではなく、さまざまな主体（行政、生産者、消費者等）の連携が必要であるといえます。そして日本国内だけでなく世界規模の視点で取り組むことも重要です。世界では将来人口の増加と経済的な発展が続くと思われますが、そもそも人口増への対処や、発展途上国での資源効率化を図ることがより効果的です。地球規模の問題は、世界の人々とともに解決のための知恵を出し、実行していく必要があります。

第2章　ごみ学のすすめ

2-1　事故米と廃棄物発生メカニズム

　食品の消費期限の書き換え、印刷紙のリサイクル率の偽装表示、工業米を食用米と偽装した転売など、もったいない精神を履き違えた事件が多発しています。ごみゼロ社会に取り組んでいる多くの人にとっては、いい迷惑といってよいでしょう。ものを大切にすることは大切ですが、それよりも人の心や人の命を大切にしてもらいたいものです。最近の偽装事件を例に「なぜごみは出るのか、出た場合にどうすればよいのか」を一緒に考えてみたいと思います。

偽装によるごみゼロ社会？

　「ごみゼロ社会」、「ゼロウェイスト」（廃棄物のない社会）を目指す運動が展開されています。ところがごみゼロ社会を作るために、とでも思ったのか消費期限や賞味期限（注）を書き換えて売っていた例があります。

　有名な饅頭屋さんとか食料品店です。またお客の残した料理をもったいないから使い回しをしていた例もあります。最近の偽装事件から見ると、消費期限や賞味期限を書き換えて廃棄物にならないように偽装したケースもあれば、耐震構造を偽装設計して結果的には使えない建物を解体してしまったために大量の廃棄物が発生してしまった例もあります。また少しでも高く売るために産地を外国よりも国内、国内でも特定の産地に偽装していた例もありました。

注：お弁当などの惣菜や洋生菓子など品質劣化が早く、おおむね5日以内に食べた方がよい食品は「消費期限」を、缶詰・瓶詰など品質劣化が比較的穏やかなものは「賞味期限」を食品衛生法などにより記載することになっています。

３Ｒ行動によるごみゼロ社会

　物が無駄とか不要とかは評価する人によって違いがあります。ある人から見るとごみだろうと思われる物も、他人から見れば「もったいないので使いたい」ということもあるのです。

　ごみゼロ社会を作るには、３Ｒ（Reduce、Reuse、Recycle）が大切です。はじめからごみにならないような Reduce（発生・排出抑制）の工夫が必要です。はじめから消費期限、賞味期限が切れないように計画的に購入するとか、余計なものは家に持ち込まない、そのための一つの例が「レジ袋を断る」ことです。そして、いったん購入したものは修理してでも大切に長く使います。

　また再使用タイプのガラス容器を小売店に返却するなどの Reuse（再使用）を心がけます。新聞雑誌などは保管しておいて町内会の集団回収に出し、再生されたトイレットペーパーを購入するなどの Recycle（再生利用）をします。このような３Ｒ行動を取ることにより、ごみの出ない「ごみゼロ社会作り」が展開されています。

ごみはどうして発生するの？

　ある商品が消費者に購入されて、マイナスの価値になる過程を図で見てみましょう。商品に対する価値観は人によって異なります。

　その人が、お店で表示されている価格Ａと比べて、その商品の値うちＢはＡ以上であると思えばその商品を購入したいはずです。一般にこの商品の価値は購入後時間とともにどんどん下がって、Ｃ点ではその商品の市場価格と自分にとってのその商品の値うちが同一になります。従ってＣ点以降では中古品として売却できる価値の方が自分の評価する価値より高いのでリサイクルショップなどに売却した方が良いと思うのです（図２－１）。

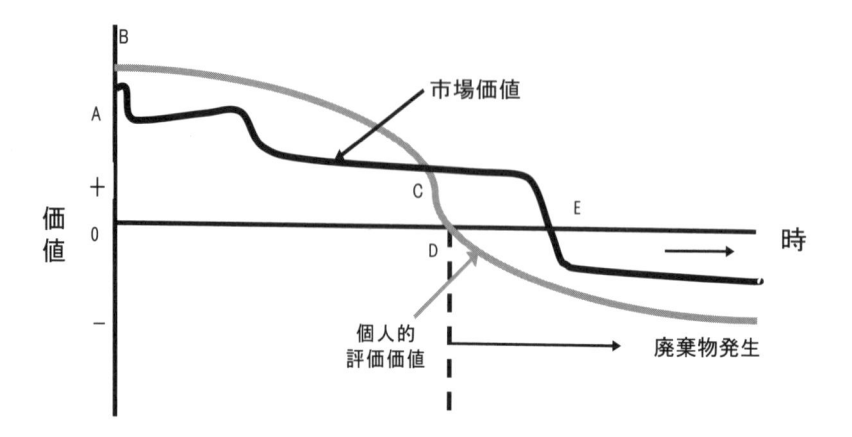

図 2-1　購入後の商品の価値は下がりいずれ廃棄物になる

事故米は廃棄物なの？

　新聞雑誌のように読んでしまえばすぐに自分にとっての情報価値はなくなり、点Dになって自分にとってはごみですが、図の点Eまでは市場で価値があります。本人にとっては不要であっても、物によっては不要品交換とか、バザー、古本屋さん、廃品回収業者に引き取られて、廃棄物にならずに有効に利用されるのです。

　しかし点E以降では市場価値もないので取り引きされることはなく廃棄物として処理されなければならないし、処理するには処理コストを必要とするのです。問題になった農薬やカビ毒に汚染された事故米は買い手がつかないのですから図の点Eよりも右にあるわけで廃棄物なので、適正に処理するために処理費用を支払って処理してもらう必要があるわけです。

３Ｒの推進と適正処理で循環型社会

　自分で不要だからといってごみとしてすぐ捨てるのではなく、物を大

切にするしつけとか環境教育によって、ものを大切にする３Ｒ行動をとるようにすることが大切です。またどこに持っていけば引き取ってくれるとか情報提供も大事なわけです。事故米の不正転売問題は、買い手がつかない事故米（廃棄物）を購入してしまったために価値の高い食用米として偽装販売したことが原因です。引き取り手がなければ廃棄物として適正に処理するための処理費用を準備しなければなりません。

　ごみゼロにするために、消費期限や賞味期限を書き換えたり、リサイクル率を偽装したりして人の信頼まで壊してしまうことは許されません。３Ｒの推進による資源の保全と、廃棄物の適正処理による環境保全を図る循環型社会の構築が私たちの目標なのですから。

2-2　ごみゼロ社会の構築へ

　私たちは働いてお金を稼ぎ、生きていくためにそして楽しみのためにさまざまなモノを買います。衣服や食べ物などの必需品、テレビなどの家電製品、そして家や車、その他さまざまな商品は時間が経てば全てごみになります。スーパーやコンビニの店内を見渡して目に入る商品は、買われて消費された後に遅かれ早かれ全てごみになってしまいます。商品がなぜごみになるのか、そしてそのごみを減らすにはどうすれば良いかについて考えてみたいと思います。

所有を放棄したい、しかしその物の値打ちは？
　例えば新聞、雑誌など古紙は、ごみになったり、有価物になったりします。その商品の価値は相対的品質にもよるでしょう。良質の古紙は価値がありますが、汚れた古紙は価値がありません。競合する商品、代替商品との相対的価値とかによって価値に違いがあります。従って、自分は不要だと認識して所有を放棄したいと思った商品の市場価値は、（1）それに対する需要、（2）相対的品質、（3）量としてどれだけ集まってい

るか、（4）それを必要とする場所に近いか、（5）市場価値は時間によっても変動するのでいつの時点か、などの要因によって異なり、誰も買ってくれないとごみになりますが、中古品として値がついたとしてもその価値は色々な要因で大きく変動することになります。

商品がなぜごみになるの？

　商品がなぜごみになるのかを考えてみました。その理由としては次のような例が考えられます。

(1) 機能消失：食品や飲料容器の中身を消費したために、容器が不要
(2) 役割喪失：新聞雑誌のように情報を提供したら、同じ機能があってもその特定の人には役割喪失
(3) 寿命：故障した電気製品とか、使い切った乾電池
(4) 外観：外観の陳腐化（流行遅れ）
(5) マッチング：身長が大きくなってサイズが合わなくなった衣服
(6) 機能喪失：技術進歩で、持っている電化製品や生活器具が相対的に陳腐化
(7) 制度上持つことが許されないもの：特定の場所には持ち込むことができないもの。時間が経過して、消費期限を過ぎて売却できなくなった食品。安全基準を満足しない建物など。

ごみゼロ社会の構築のために

　生産者、流通業者、消費者などそれぞれの主体はごみが出ないように、またリサイクルするためにいろいろできることがあります。生産者はごみが出ないような設計を、あるいはリサイクルしやすいように素材の選定をすることができます。流通業者はごみが出ないような流通をすることができます。再使用タイプの容器を使うとか、レジ袋を有料にするといった対応です。

　レジ袋は、年間360億枚も使われています。ほとんど毎日1人が1枚

使っている勘定になります。レジ袋は便利で役に立つのですが、ごみの大量排出のシンボルとして槍玉に挙げられるようになってきました。そこでレジ袋を有料化することで買い物袋を持参することを促す施策が静岡県の掛川市、東京都の杉並区など幾つかの自治体で取り組まれています。

ごみを出すときに費用負担を意識させる有料指定袋

　皆さんは、自分たちが出したごみ処理にどのくらいお金がかかると思いますか？　自治体によって違いますが、全国平均で1人当たり年間1万3,900円程度かかっています（出典「平成26年版環境・循環型社会・生物多様性白書」）。自治体にとっては重い負担です。そこでごみを出すとき、そのごみを処理するのに費用がかかることを意識しでもらうために有料指定袋を使わなければならないようにしているところが増えてきました。ごみ処理費用は基本的には市民の税金でまかなっていますが、その場合は市民一人ひとりがごみ処理費用を負担していることを直接感じることは難しく、ごみを削減する意識がなくなってきます。そこでごみ袋も有料にして負担感を与えることで、少しでもごみを少なくする努力をしてもらうことを狙っているのです。日野市では40ℓ用のごみ袋が80円と決して安くはありません。この費用はごみ処理コストのほんの一部ですが、ごみを出すときにお金がかかることになれば、ごみの排出抑制になるはずです。

有料化の減量効果

　上に挙げたレジ袋とかごみ袋の有料化は、社会の仕組みとしてごみを減らすための経済的手法です。これを図で説明してみましょう。私たちが買い物をする場合、需要と供給カーブが一致するところで商品の価格と消費量が決まります。図2－2の右下がりの線が需要曲線で、商品の価格が下がるほど商品を買いたい気持ち（需要）が大きくなることを示

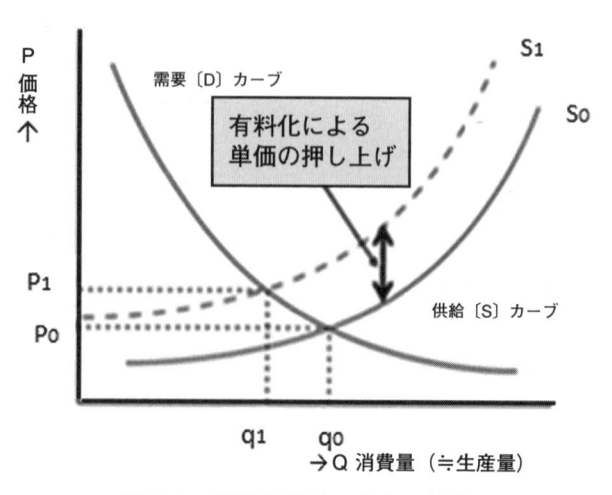

図 2-2　需要と供給で変わる消費量

しています。右上がりの線が供給曲線で、価格が上がるほど商品の生産量（供給）が増えることを示しています。2つの実線の交点で、需要と供給が一致して価格（P）と消費量（Q）が決まります（図2－2）。

　ごみ処理を自治体の税金でまかなっていると処理費用を意識しづらいのですが、有料化によってお金がかかるのだという意識を持ってもらうことで需要は抑制されます。有料化によって商品の単価を押し上げる効果が期待できますので供給カーブはS0からS1に移動し交点は左寄りになり、有料化しない場合に比べて消費量は少なくなります。従って資源の消費量も減少することが期待できます。このようなわけで商品の価格には処理費用も含んだほうがごみの減量化、すなわち循環型消費行動になるのです。

2-3　消費者の責任「ごみ問題」

　OECDで提唱されているPPP原則（後述）をごみ問題に当てはめる

とごみ問題の加害者はごみを排出する消費者です。しかしごみ処理には住民から集めた税金の5％ぐらいを使っています。また家庭ごみは世界のどこでも市町村の責任で処理されています。住民の利便性も考慮し、かつ住民の費用負担を少なくする方向でごみ処理サービスの内容を決める必要があります。3Rの推進や焼却などの中間処理、埋立処分などの最終処分をごみ処理の手段として、生活環境の保全と公衆衛生の向上というごみ処理の目的を達成しなければなりません。できれば資源の保全や地球環境の保全にもプラスになれば理想ですが。

ごみ問題の加害者は消費者

汚染者負担原則（Polluter Pays Principle, 略称 PPP 原則）という言葉があります。元々はOECDで提唱された概念で、環境汚染をした人が、環境修復やその被害の補償の費用を負担しなければならない、という考え方です。この考え方を適用すると、環境保全のコストが最初から製品やサービスの価値に含まれる（内部化される）ことになり、環境に悪い製品やサービスが市場から淘汰され、より環境に良い製品やサービスを作ろうという動機付けになります。この汚染者負担原則をごみ問題に当てはめたらどうなるのでしょうか。商品を購入してその商品の恩恵に浴するのは消費者なので、末端の汚染者とは消費者ということになります。従ってその処理費を支払うのは消費者です。

税金の5％がごみ処理費

ところが実際は、処理費は市町村が住民から徴収した税金から払われています。1人当たり年間1万3,900円くらいが支払われており、各自治体の一般予算の約4％から6％ぐらいがごみ処理に使われていて、自治体にとっては大きな負担です。しかし、みんなで払った税金を使うために、ごみの量が多かろうが少なかろうが関係性が見えないので、ごみを少なくする動機付けがありません。そこで有料化を導入する自治体が

増えてきました。有料化は全てのごみ処理費を徴収するわけではありません。ごみ処理費の一部をごみの排出量に応じて徴収する制度のことを言います。ごみを多く出した人が多く支払う。コストの負担感を与えることで、消費者がごみを少なくする努力をすることを期待しています。

市町村がごみ処理をする理由

　世界のどこに行っても家庭から出るごみの処理には、市町村が責任を持って処理に当たっています。その理由は、ごみ処理を行う第1の目的が公衆衛生の向上、生活環境の保全だからです。もしごみ処理を各家庭に任せるとしたらどうなるでしょうか。きちんと処理できる人は少数で、ハエなどの害虫が発生して伝染病などの心配も出るでしょう。ごみ処理では清掃の質やサービスは町全体で一定レベル以上にする必要があり、そのために公共で行うことが望ましいのです。また質だけではなく、労力やコストの問題もあります。各家庭で自分のごみは自分でということになれば、一人ひとりが処理施設に運んでいくとか焼却とか埋立ての処理処分をするのは本当に大変でお金もかかります。住民の利便性から見ても公共のサービスを提供することが望ましく、効率も良いので費用負担も少なくなります。そのため市町村が一括して住民からのごみを収集し処理・処分をすることになっています。

住民と自治体との役割分担

　家庭内ではごみを定期的に掃除したり、台所ごみの水切りをしたり、資源になるごみをきちんと分別保管したりするのは住民の役割です。家庭から排出されたごみを、各家庭の玄関先まで集めに行く各戸収集のほうが、何軒か一緒に出すステーション収集より住民への利便性は良いでしょう。しかし収集効率を考えると、当然一度に沢山のごみを収集車に積み込むステーション収集の方が良くなります。消費者が自分の労力や時間を使って責任をどこまで果たすか、ある程度自治体に負担にはなる

が住民のために利便性を高めるべきかはその地域の住民の選択になります。住民の利便性をとことん追求すれば、毎日、各家まで集めに行き、住民にいつでも家の外に排出できるようにするのが良いことになります。場合によっては家の中からごみを投入できる空気輸送方式などの選択もあります。しかし利便性を高めればそのためのコストが上がります。最近では利便性と費用効率性とのバランスを考慮して、環境にやさしい、また資源を大切にするごみ処理を目指した処理方式の選択が迫られています。

ごみ処理の目的と手段

　ごみ処理の目的は、生活環境の保全、公衆衛生の向上が一義的にはあります。ごみが散らかっていないクリーンで住みたくなるような街を作ること、ねずみ、ゴキブリ、ハエなどの繁殖を防いで衛生的な生活環境を作ること——が廃棄物処理の目的なのです。

　しかし最近では地球環境との関連から、資源の保全や、地球規模の環境保全という目的が重要視されるようになってきました。循環型社会の形成というとても大きな課題を、ごみ処理が担う時代になってきたのです。循環型社会形成推進基本法の中では廃棄物マネジメントの優先順位が明記されており、(1) 発生抑制、(2) 再使用、(3) 再生利用、(4) 適正処分の順になっています。これはごみの流れからの手順を示し、またその重要性を指摘していると解釈すべきでしょう。今や、排出されたごみの適正処分は当然なされるべき最低限の条件となり、Reduce（発生抑制）、Reuse（再使用）、Recycle（再生利用）の３Ｒの推進を手段にして、基本である廃棄物処理の目的を達成することを忘れてはなりません。ごみの発生抑制、再使用などの消費者の責任は、以前より更に重みが増したといえるでしょう。

2-4　分別ある分別

　自治体によってごみの分別方法はなぜ違いがあるのでしょうか。何のためにこのような分別処理が行われているのか、十分に理解がされていないのではないでしょうか。分ければ分けるほどその回収に余計にお金がかかります。資源を保全し、適正に処理し、経済的に処理するために、賢明な分別方法を選択するにはどうしたら良いのでしょうか。

焼却に望ましい分別は

　ごみを焼却する焼却炉がある場合どのような分別が良いのでしょうか。金属やガラス・陶磁器などは燃やそうにも燃えません。従って、「不燃物」として分けられます。燃やすと危ないもの、炉に入れると爆発したりするもので、ガスボンベ、揮発性や引火性の廃液などは炉には入れてはいけません。燃やして良いのは紙くずや木くず等です。台所ごみなど生ごみは水分が多いので、カロリーが低く燃えにくいのですが有機物ですので燃やしても問題ありません。プラスチックやゴムくずなどはカロリーが高いので炉が傷むとか、大気汚染を引き起こすとかで燃やすのには適さないという理由で不燃ごみに入れるように指導してきたところがあります。東京都でも廃プラスチックは焼却不適ごみとして長い間扱われてきましたが、私が東京都廃棄物審議会の会長を務めていた 2004 年に、「焼却不適物」から「埋立不適物」に分類を変更しました。そのようなわけで、東京都では容器包装プラスチックごみを「物質としてマテリアルリサイクル」するか、「熱としてサーマルリサイクル」すべきかが議論され 23 区のうち半分は、「熱エネルギー」として活用するようになりました。図2－3は廃棄物を焼却処理するとした場合に、安全に焼却処理するのにふさわしいごみを図の左に、焼却処理すると困るものを右に、真ん中は炉に入れても意味がないが入れても特に困らないものです。

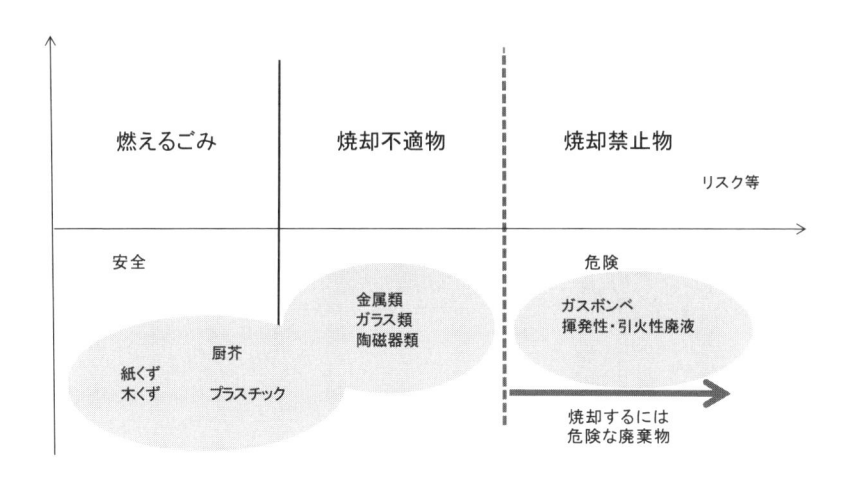

図 2-3　焼却処理に適・不適な廃棄物

ごみ分別の効果を評価して判断

　焼却炉も、ただ単純にごみを燃やす炉かエネルギーを回収する炉なのか、環境保全の程度によって、その前のごみ分別が変わってきます。ダイオキシン類に対する対策もできるようになった炉では、大気汚染を心配する必要はなくなりました。また発電する施設であればカロリーが高すぎるから炉が傷むといった理由も言い訳になりません。カロリーにあった設計をすれば炉が傷むようなことはありません。カロリーが高ければエネルギー回収の効果が上がるし、物質回収よりむしろエネルギー回収をする焼却の方が望ましいといえるでしょう。このように、資源の保全の効果や環境汚染によるリスク、経済的な負担を考慮してごみ分別の効果を判断するべきでしょう。

埋立処分に望ましい分別は

　廃棄物を埋立処分することを考えたら、どのような分別が望ましいのでしょうか。埋立処分しても問題がないのが、ガラスくず、コンクリー

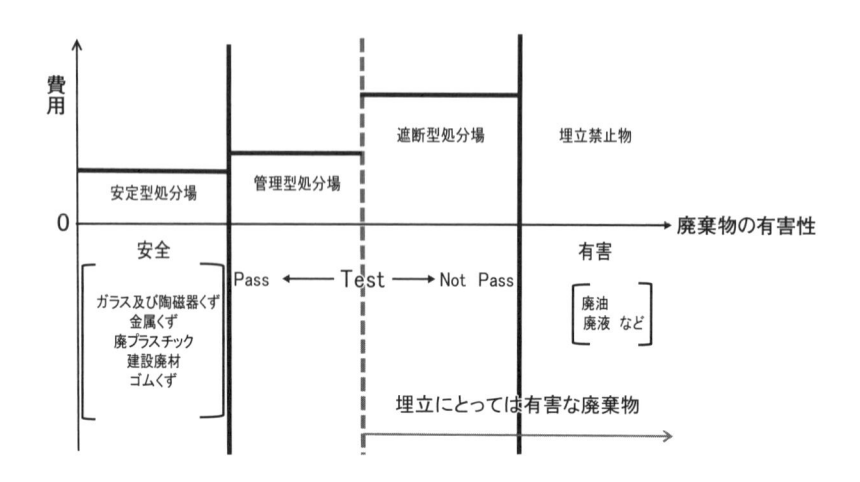

図 2-4　埋立てに適・不適な廃棄物

トくずおよび陶磁器くず、金属くず、等です。もちろん油とか、化学薬品など異物が付着していないことが前提です。

　埋立処分するととんでもなく危険なのが廃油、廃酸、廃アルカリなどの廃液です。これらは埋立処分が禁止されています。これら以外の廃棄物は、木くず、紙くずなど雨水にさらされて汚水が発生するもので、地下にその汚水が流れ込まないように遮水し、たまった汚水をきれいに処理して問題がないようにした後、放流する必要があります。家庭から出てくるごみはこのジャンルに分類されています。しかし汚水に重金属など有害な化学物質が溶け出すものは、万が一を考えると危険なので、完全にコンクリートで封じ込む状態にして廃棄物が雨水にさらされることのないようにし、有害なものを含む汚水の発生そのものを食い止める構造にしています。従って廃棄物は埋立処分を考えると、図2-4に示すように、埋立禁止物、埋立てしても汚水が発生しないもの、汚水対策すれば良いもの、汚水発生を食い止めるものと、4つに分類されて、廃棄物の特性に応じてきめ細かく対応しています。

望ましい分別方法

　分別の目的は適正で安全な処理のためにあり、できれば資源の保全、全体として経済的な処理を目指して分別方法を決める必要があります。資源を保全するために、また焼却炉や埋立てに負荷をもたらすので、ガラス類、金属類を分別回収します。また関係者の責任分担の意味もあって、「小売店への返却」、「子供会、町内会などによる集団回収」を活用し、処理処分するごみの量を減らして、自治体の経費の削減を図ります。

　他に資源ごみの容易な回収方法として新聞・雑誌などの集団回収を自治体は奨励し財政的に援助しています。自治体が残ったごみをどのように分別すべきかは、自治体の抱えている制約状況、例えば費用負担の削減の必要性、許容される埋立処分への依存度等によって決めるべきでしょう。

　どこの自治体も最終処分場に困っていますが、その程度にはずいぶん違いがあります。排出量のうちどの程度まで埋立処分が許されるかによって、ごみ処理費にかなり違いが出てきます。埋立処分が全く許されないのであれば、焼却残渣を溶融スラグ化し建設資材として活用、あるいはセメント原料化が選択肢となります。何のために分別をするのか、その目的はどの程度達成されるのかを評価して、その自治体にあった分別ある分別方法を選択する必要があるのです。

2-5 「もっともっと」から「ほどほど」へ

　「Think Globally, Act Locally」は地球規模で物事を考え、実際は足もとで私たちができることを実行しよう、と訴えるキャッチフレーズとして使われています。「ライフサイクル・アセスメント（LCA）」は地球規模の環境問題を考えながら、具体的にはどのようなことを実行したらよいかを教えてくれます。LCAは、製品の誕生から墓場までを長い目で、また地球規模の資源問題や環境問題を考慮して、具体的に選択可能な中

から最も望ましい選択肢を選ぶのに役立ちます。LCA がどのように使われ、その効用はどんなことがあるのでしょうか。

汚れたプラスチックのリサイクルは？

　集められたプラスチックはリサイクルが良いのか焼却が良いのかとよく聞かれます。ここでリサイクルと言われれば、それは資源の保全になっているリサイクルが前提になっているのではないでしょうか。ところが収集・運搬、洗浄、破砕、加工、残渣の処分まで評価する、ライフサイクルで評価すると、必ずしも資源の保全になるとは限らない物質回収型リサイクルもあるのです。特に汚れて排出されるプラスチックの物質回収型のリサイクルは、資源の保全につながるとは限りません。コストも施設の建設費だけでなく修理や維持管理費も含めて考えれば、長い期間ではどれほど費用がかかるのかといった評価が大事であるのは言うまでもないことです。

実行可能な選択肢なの？

　幾ら理想的な話でも、実際は大変お金がかかるとか、必要な施設が建設できないなどであれば、実行可能ではない、絵に描いた餅になります。自治体によっては埋立処分場がなかったり、焼却施設が建設されなければ、埋立てや焼却ができないわけで、汚れたプラスチックを分別回収して、リサイクルするしかないといったケースもあるのです。

　選択肢は実行可能な選択肢でなければなりません。費用面とか住民の合意の点から物理的に処理施設が建設できないことがあります。その場合は不合理と思われても他に選択肢がないのですからノーチョイスです。しかし今までは関係者の理解が得られないことから、実行可能にならなかったものが、LCA の結果を使って説明することにより理解を得やすくなり、実行可能になることもあるのです。

環境にやさしい処理技術

どのような技術でも、良いと思って開発したのに消費者がそれを高く評価しなければその商品は売れません。ごみ処理技術についても同じことです。安く処理する技術から環境にやさしいごみ処理技術が好まれる傾向になれば、そのような技術を開発し、その評価すべき側面をアピールすべきでしょう。ユーザーの価値観に合わせて評価されれば、他の技術より高く評価されることになります。そのような特徴を出せる技術を効率的に開発するのに LCA が威力を発揮することでしょう。

ライフサイクルによる望ましいごみ処理

ごみ処理ではどんな処理が望ましいのでしょうか。選択肢の中で処理コストも資源消費、環境負荷の結果も優等生であれば、その選択は問題はありません。しかし先進国の場合、解析上はコストで見ると方式1が、資源消費の面からは方式2、環境負荷では方式3が望ましいといったような結果が出る場合があります。コストを下げるために機械化すればその機械を使うのに電気や資源を使います。従って、コストが安くなっても資源を多く使うのです。また環境負荷を減らそうとすると、余計に電気や薬剤を使うのでコストや資源消費では不利になるのです。このように、ある面では良くなるが、他の評価軸では悪くなるといった関係をトレードオフの関係と言います。

従って、このようなトレードオフの関係の中で望ましい処理システムを選ぶためには、「リサイクル率」といった物差しを、「もっともっと」から「ほどほど」の選択へと発想をシフトして、良い加減の「リサイクル率」を選ぶことが重要です（図2−5）。例えばごみの選別にしても、コストを下げるために「機械化」を推し進めるのが良いが、資源消費や環境負荷を配慮したら「人手」による選別方式が有利になります。このように費用と環境をバランスよく考えた選択が求められます。

開発途上国では相対的に人件費が安いのでコスト削減のために人手に

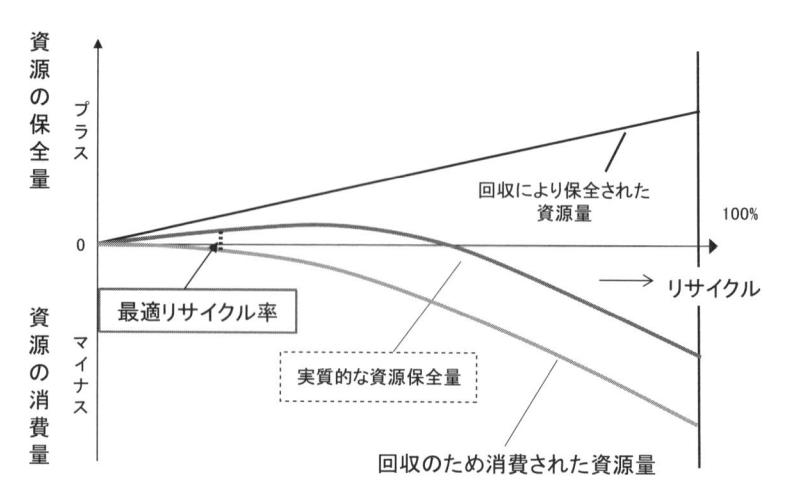

**図2-5　リサイクル率と資源保全・消費の関係：
リサイクル率を高めるとむしろ資源保全量より消費量が増える**

よる処理を、また環境面から見ても人手のほうが環境負荷も少なく、資源消費も少ないと言えましょう。

2-6　鳥取環境大学で取り組んでいるごみ学　——海ごみに関する研究

　鳥取環境大学では、環境に関わるさまざまな調査・研究を行っています。鳥取環境大学が行ってきた「日本海に面した海岸における海ごみの発生抑制と回収処理の促進に関する研究」（環境省補助事業、2009 ～ 2011 年度）について紹介します。

鳥取環境大学の海ごみ研究

　この研究は、海外や国内陸部が発生源と考えられる廃棄物が定期的に大量に海岸に押し寄せる西日本の日本海側の海ごみ問題の解決を目指し、排出源と海ごみ発生との関連、漂着ごみなどの発生実態を解明し、海ごみの発生抑制策、回収処理の促進により美しい海、海岸を保全する

ことを目的としたものです。

　日本海沿岸域では、海外で発生した海ごみが対馬暖流の流れに乗って定期的に押し寄せてきます。また内陸で投棄されたごみが河川によって移動し漂着ごみや海底ごみとして海岸や沿岸域に集積していると推測されています。そこで本研究では「特定の河川から排出されたさまざまなごみの海への移動実態を明らかにし」、「漂着ごみや海底ごみの発生実態を明らかにし」、「海ごみの発生抑制のための漁民、市民への普及啓発方法について研究を行い」、「海外を含む関係者の協力により、海ごみの発生抑制、海底ごみの持ち帰り、引き取り、回収処理の取り組み支援方策等」を研究目的としています。

調査研究の内容

　海ごみは存在場所により、漂流ごみ、漂着ごみ、海底ごみの３種類に分類されますが、（1）排出源と特に漂着ごみとの関係を調べる発生源調査、（2）漂着ごみと海底ごみの発生実態調査、（3）発生抑制のための普及啓発および（4）回収・処理システムの検討を行ないました。

（1）発生源調査

　トレーサ機能を備えた放流物を河川に放流することにより、海ごみの漂流経路を調査し、海ごみの移動経路を推定します。放流物については、漂流ボトル等に携帯電話やGPS式発信機を入れたものなどを使いました。

（2）発生実態調査

　漂着ごみの種類や量、その用途やその起源などを季節的に調査しました。島根県、鳥取県、兵庫県にまたがって数カ所の定点での詳細な調査を行い、ごみの発生量の調査方法を提案しました。それとは別に全体像を把握するために、人工衛星画像データ解析およびヘリコプターによる写真撮影調査によりどの場所にどの程度の海ごみがあるか調べました。これらの実態把握の方法の利点・欠点、調査効果の比較も行いました。

（3）発生抑制のための普及啓発

　海ごみの実態を多くの人に知ってもらうための、教育用教材を作成しました。また、海ごみの発生を抑制するための、海外の関係者との情報交換を行いました。

（4）回収、処理システムの検討

　漁業由来の海ごみの持ち帰りに関する現状の把握および海ごみを漁民が持ち帰るインセンティブの検討を行いました。漁民や、漁業協同組合、県や市などの行政、市民並びに韓国の関係者などとも連携することで問題解決のためのネットワーク構築を目指しました。

海ごみの細組成分析の様子

ヘリコプターによる海ごみ調査

　学生も参加して、漂着しているごみはどのようなごみなのかを把握するために漂着ごみを回収し細組成分析をしました。調査の結果はほとんどが軽いプラスチック類でした。最も多いのがプラスチック類、その次がゴム類、3番目が発泡スチロール類でした。大変手間の掛かる細組成分析をしなくても上空から撮った写真で分かるのではないかと、ヘリコプターを飛ばして写真を撮って漂着ごみを識別判定しました。その結果は上空40m から撮った写真からでもある程度大きなものしか識別できないことが分かりました。大きなブイ、ポリタンクなどは分かりますが、細かいプラスチックの容器などの識別は難しいことが分かりました。

第3章　世界のごみ処理

日本のごみ処理

3-1　埋立処分を回避するごみ処理

　世界の廃棄物処理には埋立処分が大きな役割を果たしています。世界で発生する廃棄物（120億t／年）の大半は埋立処分されているのが実態です。埋立スペースを探して、そこに廃棄物を運んで投棄するいわゆるオープンダンピング（覆土のない埋立処分）から、浸出液を高度処理して環境保全をする管理型埋立処分までいろいろな処分場が使われています。廃棄物処理の最後の砦として埋立処分場は必要とされてきて今も必要とされています。一般的には埋立処分量の削減方法があれば実行し、それもできないものは処分場を確保して埋立処分することが環境保全のためには必要といえるでしょう。

　しかし埋立処分には、いろいろな課題があり、それらの克服が容易でないために、今や埋立処分に依存しないごみ処理システムの構築が緊急の課題になってきました。

　埋立処分の課題は、大きく分けて3つあります。(1) 処分場確保の課題、(2) 処分場の環境保全の課題、(3) 経済性の課題——です。これらを少し解説してみましょう。

(1) 処分場確保の課題

　廃棄物を埋め立てすると埋立スペースが消費されて、ある一定期間埋立処分場として使うと処分空間がなくなってしまい、次の新たな処分場を確保しなければいけません。処分場は消耗品であり次々と新たな処分場を確保しなくてはなりません。しかし、処分場の立地は必ずしも容易ではありません。周辺の住民の理解を得るのに大変な苦労を重ねており、

その苦労をできれば回避したいのが大半の自治体担当者の本音だと言えます。

(2) 処分場の環境保全の課題

　埋立処分場に埋め立てした廃棄物はそのまま処分場の中に存在し続け、管理型の処分場の場合には汚染水やガスとなって処分場から周辺環境へ排出されるリスクが懸念されます。有害な化学物質が浸出液に溶出するとか、埋立廃棄物が分解してガスとなって排出するとか、いつまで経っても埋立処分場としての管理が求められ、埋立処分場を「廃止」することができないという課題を抱えています。

　実際多くの処分場が「廃止」できなくていつまでも維持管理が求められています。また、浸出液を処理した処理水を近くの河川に放流することができず下水道に放流しているケースも見られます。そのような場合には、たとえ「廃止基準」を満足しても下水放流から河川放流への変更という課題を抱えています。また、有機物が含まれる廃棄物は処分場内で分解して、メタンガス等地球温暖化ガスを発生させることから、有機物をそのまま埋め立てすることは抑制される動きがあります。

(3) 経済性の課題

　以上のような立地や環境保全の観点から、処分場の建設には長い時間をかけて準備をし、環境保全対策を高度に対応することが求められます。また住民にとって迷惑と思われる施設はできるだけ小さなものが望まれ、最終処分場のための広域行政の調整ができない場合には、各自治体が確保する処分場は小規模の処分場にならざるを得ないのです。その結果、埋立処分場の建設コストのみならず長期の維持管理費を考えると、安いと思われていた埋立処分が決して安くないということが分かってきました。処分場の立地にかかる初期コストに加え、長期にわたる維持管理や、要求される適正処理基準がアップグレードされて更に追加的コス

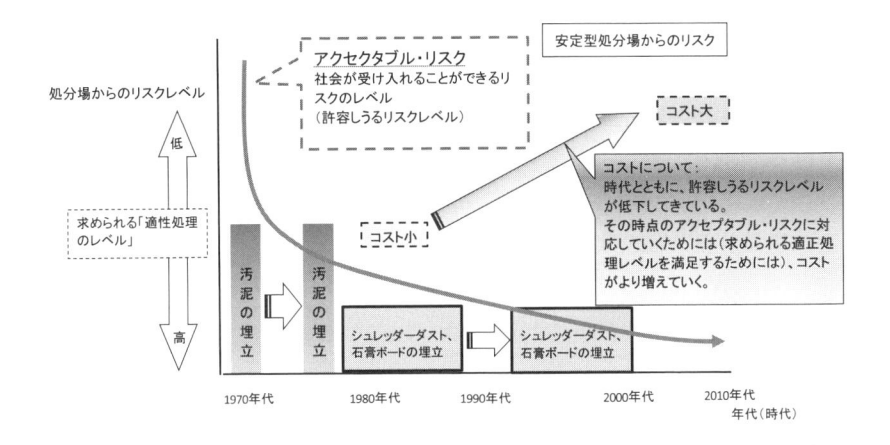

図 3-1　時代と共に埋立処分に求められる適正処理レベルと処理コスト

トがかかる可能性も否定できません。

　図３－１は、埋立処分場に求められる適正処理レベルの高まりと共に、処分コストの上昇の関係を示しています。処分量の減少化と長期の維持管理コストを考えると、トン当たりの埋立処分コストは必ずしも安い処理とは言えません。

埋立処分量の削減を求める循環基本計画

　埋立処分の抱える色々な課題から、埋立処分に依存しない廃棄物処理が求められています。循環型社会形成推進基本計画の中にも埋立量を削減するということが基本方針に明確にうたわれ、その削減目標値が掲げられています。その目標値と実際の達成状況は図３－２に示しています。埋立処分量の大きな削減が目標とされ、それを上回るスピードで削減目標が達成されているのが分かるでしょう。図３－２の中の数字は、一般廃棄物と産業廃棄物の埋立処分量です。1990 年では、日本で排出され

る4億5,000万tのうち埋立処分されていた量は1億900万tでしたが10年後の2000年には、約半分の5,600万tになっています。2003年3月に作成された基本計画では2010年度の埋立量の達成目標は2,800万t（1990年比75％削減）で、5年後の2008年3月に公表した第2次の基本計画の削減目標は2015年度で2,300万tと定められましたが、その目標を既に2008年度には達成しているのです。2013年に公表した第3次の基本計画では、2020年での埋立目標を1,700万tと定めていますが、2020年以前に達成するのは間違いないでしょう。

このように埋立処分量の削減は国の方針となり、埋立処分量は急激に削減されて埋立処分に依存しない廃棄物処理が進んでいることが分かります。

埋立処分量を削減する努力は日本のみならず全世界で行なわれています。ごみゼロ、ゼロウェイスト運動は広く世界に広がっており、発生量の削減もさることながら、埋立処分量をゼロにする努力がなされています。ヨーロッパでは処分される廃棄物は何らかの減量処理をしたものし

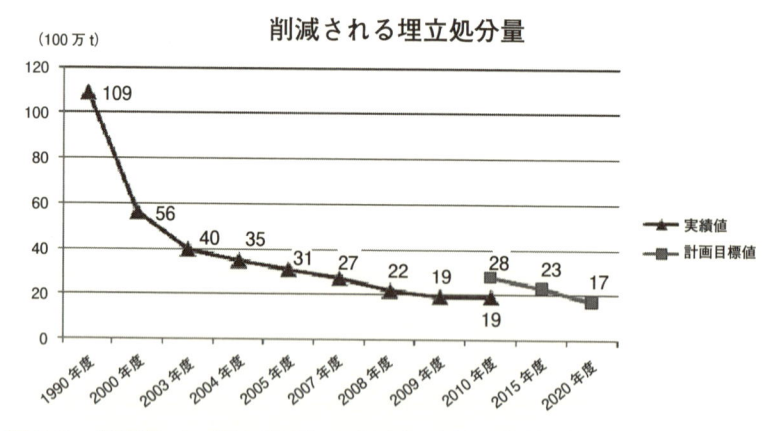

図3-2　廃棄物（一廃＋産廃）の埋立処分量の推移（埋立処分量の目標値は循環型社会形成推進基本計画に示されている目標値）

か埋め立てしないような施策がとられています。国によっては、有機物を処分場に入れない規制とか、直接埋立を抑制するために焼却を誘導しようとしていますが、それができない場合には何らかの埋立処分量削減のための処理をすることを義務付けるなどの施策がとられています。

その埋立処分量削減のための方法をMBT（Mechanical and Biological Treatment）と呼んでいます。破砕選別、たい肥化などの資源化処理のことを指します。お隣の韓国は生ごみの直接埋立を2005年に禁止し、その後生ごみのリサイクルが進んでいます。

埋立処分量削減を目指したごみ処理の現状

日本では埋立処分量を減らすためのさまざまな施策や技術が使われています。基本的には3R（廃棄物の発生抑制、再使用の促進、再生利用の推進）という減量資源化策で、生産者の生産段階や流通段階、消費者の消費段階や排出段階で、廃棄物の発生・排出量を削減するために最大限の努力が求められています。具体的には環境配慮設計、レジ袋の有料化、買い物袋の持参運動などがあります。自治体は排出されるごみを処理する責任があり、その前にボランタリーの活動による資源ごみの集団回収を最大限に奨励して収集、処理・処分する量を削減することが自治体共通の戦略でもあるのです。生産者や消費者の役割については市町村が直接関与することは少ないけれども、その重要性を指摘し、生産者や流通業者、消費者、NPOの理解と協力を求める努力は必要です。

次に自治体が埋立処分量削減を推進するうえで、重要なのが各種リサイクル法です。自治体の処理ルートから外す効果があるのが家電リサイクル法です。今や大型家電4品目は市町村が収集や処理・処分することなく、費用負担は消費者であるが生産者の責任で回収やリサイクルが行なわれています。容器包装リサイクル法の対象になる容器包装廃棄物と小型家電リサイクル法の適用については各自治体の判断に任せられていますが、物質回収型のリサイクルを推進する場合は分別収集、あるいは

選別梱包ぐらいまでは自治体の役割で、その後民間のリサイクル業者、あるいは生産者に委ねて、物質回収のルートに乗せる選択をすることもできます。その後、残った廃棄物を自治体が処理・処分をしなくてはいけません。埋立処分量を削減するためには、資源になるガラス類や金属類は分別回収して物質回収型リサイクルへ、熱量を含む可燃ごみは廃棄物発電施設でエネルギーに注目して焼却し、エネルギー回収型のリサイクルをし、その残渣を埋立処分にするというのが埋立処分量を最小にするために一般的にとるアプローチです。日本全体で見れば、2012年度は約4,500万tの排出量から集団回収で264万tが回収され、図3-3のように4,000万tが中間処理され、焼却等で減容された処理残渣のうち450万tは資源に、408万tが埋立てへ、直接埋立量57万tを加えてごみ処理総処理量の約11％、465万tが埋立処分されています。この図から分かるように、日本では収集後なんら減量化処理されることなく直接埋立処分される割合をゼロにする戦略が取られた結果、2012年度ではごみ総処理量の1.3％だけが直接埋立処分されているのです。

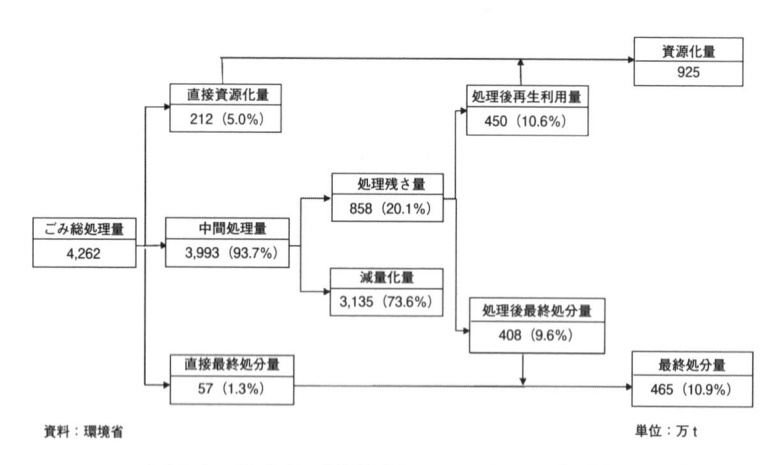

資料：環境省　　　　　　　　　　　　　　　　　　　　　　　　単位：万t

図3-3　日本のごみ処理フロー（2012年度）

埋立削減の必要性とその達成手段

　各市町村の置かれた地域特性によって埋立処分場の立地が不可能なところ、可能ではあるが極めて困難なところから比較的容易に確保できるところまで、その程度はまちまちです。処分場の立地が極めて困難な場合でも、関西地域のように大阪湾の中に計画的に埋立処分場が建設されるフェニックス計画のあるところではその埋立処分に依存した処理処分ができるので、埋立削減の必要性は相対的には低いのです。一般的には海面埋立処分場が建設されるところは比較的大規模な処分場が立地できるために、処分量の削減の必要性は相対的に低いと言えます。東京や大阪など大都市の周辺で働く勤労者の住宅地域として発達したいわゆる衛星都市は、内陸部のため処分場に必要な広大なスペースの確保を伴う処分場の立地は不可能と言っても良いでしょう。

　表3-1に処分量を削減する必要性の程度をランク1～5まで並べて、その削減を達成する追加的手段を考えてみました。

表3-1　自治体の地域特性から見た埋立処分量の削減の必要性と追加的達成手段

削減の必要性	埋立削減を達成するための手段
1	集団回収などで新聞雑誌などを回収。混合収集、全量埋立処分（焼却なし）も可能。埋立比率は90％以下。
2	ガラスびん、金属缶等資源ごみを分別回収。生ごみの堆肥化などリサイクル可能なものをリサイクル、残りを埋立処分（焼却なし）埋立比率は50％程度。
3	可燃ごみは焼却。焼却残渣と不燃ごみを埋立処分。埋立比率は20％以下。
4	焼却など中間処理残渣のみを埋立。埋立比率は10％以下。
5	焼却残渣のセメント化。あるいは直接溶融または焼却残渣の溶融処理によるスラグ化（スラグを建設資材に活用）し、埋立処分量を限りなくゼロにする。飛灰は山元還元。埋立比率は3％以下。

埋立削減の必要性を見ると、ランク1の場合は処分場がすでにあり、残存容量の寿命は20年以上もあるような自治体で、今の処分場をできるだけ長く使うという目標はあるものの処分量を削減する必要性は比較的少ないです。従って、3Rを促進して排出量を削減するという削減努力をすれば十分と言えましょう。最も削減要求の高いランク5の自治体では、埋立ゼロを目指した取り組みが求められ、自治体には処分場の立地場所はなく、他の自治体に立地した処分場に依存しているような場合は埋立ゼロが要求され、今ある処分場が終わると次の処分場は造れない、あるいは造らないと約束をしている自治体のケースです。

　そのような自治体では、3Rの徹底はもちろん、あらゆるタイプのリサイクルを行い、焼却残渣も埋め立てすることなく、セメント化原料として使うとか、高温溶融してスラグ化して建設資材として利用して埋立ゼロを達成しようとするのが現在取られている方法と言えます。

3-2　埋立処分ゼロを目指す東京都のごみ処理

　東京都23区のごみの最終処分場は東京湾に造られた新海面最終処分場です。しかし次の処分場は造らないと決めており、基本的には23区内にある20の焼却場で焼却し残渣は高温溶融してスラグ化して建設資材に使う方針を掲げています。

　一方東京であっても、内陸に位置し、海面に埋立処分を行うことができない多摩地域は、焼却灰をセメント原料にしてセメントを製造し埋立量を限りなくゼロにして西多摩郡日の出町にある二ツ塚処分場の使用期間を当初の16年間から半永久的に延ばすことを可能にしました。ここでは多摩地域の埋立処分量をゼロにする取り組みを説明しましょう。

共同で管理する最終処分場とエコセメント事業

　多摩地域は東京都のうち、区部（旧東京市）と島しょ部（伊豆諸島、

三多摩の日の出町二ツ塚廃棄物広域処分場

三多摩・二つ塚処分場のそばにある東京たまエコセメント化施設（2006年6月竣工）

小笠原諸島）を除いた市町村部を指し、面積は約 1,170km^2、東京都民人口の約3分の1（約400万人）が居住しています。廃棄物処理において、最終処分地確保の悩みは全国的な問題であり、特に大人口を抱える首都圏および近畿圏においては深刻です。都市化が進み、自区内に最終処分場を確保することが困難であった多摩地域も例に漏れず、最終処分場の確保に頭を悩ませていました。当時25市2町が一緒になって一般廃棄物広域処分場の設置・管理を目的に1980年に東京都三多摩地域廃棄物広域処分組合が設立されました。今では焼却灰からセメント製造するエコセメント事業も行っています。

　多摩地域においては昭和30年代（1955年〜）後半、建設用の砂利を求めて西多摩一帯が砂利の採掘行為の場となり、その結果砂利穴が散在することになりました。その砂利穴は最終処分場になり、それが公害発生源となってしまったのです。砂利穴に依存していたごみ処理の抜本的解決を図るために、1980年に新しい処分場の建設に着手しました。それが谷戸沢処分場（1998年に埋立完了）であり、その処分場も終了して、次の処分場である二ツ塚処分場の建設やデータ開示等を巡り、幾つかの訴訟が提起されましたが、その裁判は全て組合が勝訴し終結しています。このような過程で、住民に対して今後埋立処分場は造らないと約束をしました。

埋立量の削減のための罰金とボーナス

　埋立容量に限界がある二ツ塚処分場では、処分場の延命化のために、各組織団体の廃棄物搬入量の目標値となる搬入配分量を設定しています。搬入配分量は「1人1日当たりの搬入量（組織団体共通原単位）」に「組織団体の人口」と「年間日数」を乗じて算出しています。組織団体共通原単位は、直近の搬入実績（合計）に基づき算出していることから、搬入実績（合計）が変動すれば、各組織団体の搬入配分量も変動します。このため、一部の組織団体の取り組みによって搬入実績（合計）が減少すれば、各組織団体の搬入配分量も減少する（＝厳しくなる）こととなり、更なる減容（量）化を促す効果があります。このように、現行の設定方法は、組織団体の減容（量）努力（＝成果）を直接かつ早期に反映できる仕組みとなっています。また、当該年度の搬入実績量が搬入配分量を上回った場合には、超過金を徴収し、下回った場合には貢献金を分配しています。このような制度の効果があって、不燃ごみの搬入が極端に減少しました。

　　＜超過金＞
　・焼却残渣：超過金（円）＝超過量（t）×超過金単価（1万5,000円／t）
　・不燃物：超過金（円）＝超過量（m³）×　超過金単価（2万円／t）
　　＜貢献金＞
　・貢献金は、超過金（総額）を貢献量に応じて配分

焼却残渣の全量リサイクル

　当初多摩地域25市1町から排出される不燃物と焼却残渣が埋め立てられていた二ツ塚処分場は、資源化の推進を図っても使用可能期間は1997年度から16年間と計画され、2013年度には埋立てが終了する予定でした。次の処分場が建設できない多摩地区では処分場延命のため、埋め立てられていた廃棄物のうち、容量で約6割を占める焼却残渣の全量をセメントの原料として活用できるエコセメント技術の導入について

1998 年度より検討を行ってきました。

　「エコセメント」とは、ごみを清掃工場で焼却した際に発生する焼却灰を主原料とした新しいセメントのことで、普通セメントと同等の品質を持っているので、普通セメントと同じような分野（土木・建築工事やコンクリート製品等）に使われています。エコセメント事業を推進することで、二ツ塚処分場の延命化、多摩地域のリサイクルの一層の推進と資源循環型社会の構築に貢献するため、2006 年 7 月からは、焼却残渣等の処理量約 300t（日平均）、エコセメント生産量約 430t（日平均）のエコセメント化施設が本格稼働しています。それまで埋め立てていた焼却残渣は、全量資源としてリサイクルできるようになりました。2013年度は、7 万 7,800t の焼却残渣を受け入れて、約 12 万 2,000t のエコセメントを生産しています。

半永久的に使える、二ツ塚処分場

　2013 年度のエコセメント化施設には焼却残渣が 6 万 4,000m^3 が搬入されました。二ツ塚処分場へはたったの 2,000m^3 で 2000 年度のピーク時（15 万 9,000m^3）の約 1.26% まで減少しています。これは各組織団体がごみの有料化を実施し、減容（量）化に努めた結果です。エコセメント化事業が導入され、二ツ塚処分場の使用期間は延長されたものの、将来的には多摩地域に新たな最終処分場を確保することは極めて困難であり、廃棄物の減容（量）化を着実に進めるとともに、エコセメント化施設の安定的運用を図ることが必要です。その結果、埋立処分は不燃物のみとなり、二ツ塚処分場の使用期間は当初予定の 16 年間から大幅に伸びる見通しです。

　二ツ塚処分場の計画では埋立可能容量は 250 万 m^3 で、2013 年度末の埋立進捗率は 44.6% で、まだ埋立可能容量は 138.5 万 m^3 あることになります。2013 年の実績では、年間 2,000m^3 処分されています。年間この容量を消費するとしたら、これから少なくとも 690 年は使えることに

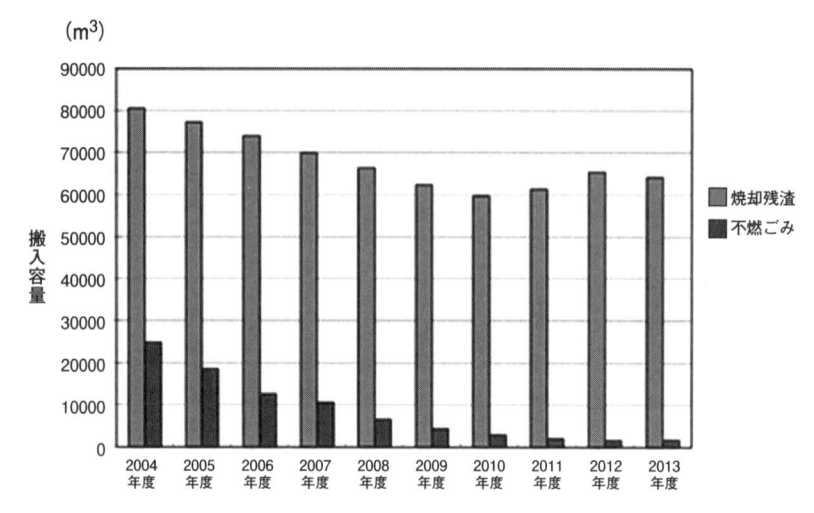

図 3-4　二ツ塚最終処分場・エコセメント化施設への搬入状況
（残余年数は 690 年以上）

なります。不燃ごみの処分量はこれからも大幅に削減されると予想され
るので、この処分場は半永久的に使うことができるでしょう（図3－4）。

3-3　ごみゼロから埋立ゼロへ

　3Rにより、処理処分対象廃棄物を限りなく少なくするスローガンと
して"ごみゼロ（ゼロウェイスト）社会の構築"が世界中で叫ばれてい
ますが、実際は発生量や排出量はそれほど少なくなりません。むしろ廃
棄物問題の解決という観点からは埋立ゼロ社会の構築が極めて重要なの
です。民間の企業の環境報告書を見てみると、廃棄物は全てリサイクル
業者に渡しているので、ゼロエミッションを達成した、あるいは埋立ゼ
ロを達成した、と報告しているところが多くあります。各自治体でも埋
立に持って行く処分量を削減する努力をしています。しかしそれぞれの

自治体で行うには限界があり、国の制度的支援が必要となり、各種のリサイクル法ができました。

　必要な最終処分場の確保は、それぞれ自治体が行うには余りにも負担が大き過ぎます。関西で進められているフェニックス計画のように幾つかの自治体が広域的に、共同してある程度の規模の面積を持った処分場を確保する必要があります。多摩地域26市町が一緒に組合を作ってエコセメント工場を造っているのが成功している例で、それぞれの自治体が小規模のセメント工場を造ることは現実的ではありません。

　処分場も、埋立量を削減する中間処理施設である資源化施設や焼却施設も、より広域的に効率的な規模の施設を整備する必要があります。また、リサイクルできるもの、燃料として使えるプラスチックごみ等は、安易に埋立てに依存しないように制度的にも規制をすることも重要な方策といえるでしょう。

海外のごみ処理

3-4　アメリカの世界最大廃棄物処理企業

　イリノイ州のシカゴから西に少しドライブするとオークブルックという街があり、そこにウェイスト・マネジメント・インターナショナル（WMI）がありました。買収合併を繰り返し、2013 年のウェイスト・マネジメント社の売上は約 1 兆 6,000 億円で、恐らく世界最大の廃棄物処理会社でしょう。訪問した 1970 年当時会社の廊下には近代的な絵画を幾つも掛けており、廃棄物処理会社とはおよそ違ったイメージの会社でした。過去何年も 2 桁の成長を成し遂げ、これからも成長が見込める業界であることから、大学生にアンケート調査すると、一番就職希望の多い業界であったのもうなずけます。

成長の可能性は無限大

　世界で最も繁栄しており、世界で最も多くの廃棄物を排出する国、アメリカでは当時廃棄物処理産業が急成長を謳歌していました。一般廃棄物の排出量は、一人当たり 4.6 ポンドすなわち日本人の 2 倍の 2,100g ／日を排出しており、人口は日本の 2.5 倍ですから、国全体では日本の 5 倍の 2.5 億 t のごみが排出されています。自治体の財政危機を乗り越えるために民間の処理業者に委託する例が増えて、廃棄物処理企業が急成長してきました。当時の社長に今後の展望を聞くと、「まだアメリカのマーケットの 5 ％にも満たないので、これからも成長するし、今後中南米、中近東、世界をマーケットにするわが社の成長は無限大だ」と豪語していました。

企業成長の秘訣

　このように急成長を成し遂げた背景には、アメリカ流の買収合併の繰

り返し、フランチャイズ方式でのグループ化などがありますが、廃棄物処理だからこそ、グループ化する必要性もあったと言えるでしょう。その理由はグループ化することにより、(1) 最終処分場を小さな会社が個々で持つよりはグループで確保する方が、手続き、処分場の規模や資金面で有利、(2) 多くの機材を必要とする廃棄物収集運搬車両やトラック、ブルドーザを同一仕様で大量共同発注することにより割安の機材購入を可能にする、(3) 汚染事故などの訴訟問題に本社が保険や弁護士で対応をしてくれ、既存の会社は安心して廃棄物処理業に専念できる——といったメリットを提供することができました。

1 兆 6,000 億円の売上高

　ウェイスト・マネジメント社の年次損益計算書を下表に示します（表3－2）。2013 年度の売り上げが 140 億ドルということで、1 ドル 115円で換算しても軽く 1 兆 6,000 億円以上になります。アメリカの市場規模が単純に日本の 2 倍であると考えても、わが国にこれに匹敵する売上と利益を上げている企業はありません。株価は 1988 年 9 月の上場開始直後は約 2.7 ドル、2014 年 12 月では 49 ドル前後と 18 倍以上となっています。

表 3-2　ウェイスト・マネジメント社の年次損益計算書（一部抜粋）

単位：100 万ドル	2009	2010	2011	2012	2013
Total Revenue 売り上げ	11,791	12,515	13,378	13,649	13,983
Net Income After Taxes 純利益	994	953	961	817	98

データ元：REUTERS. Waste Management Inc . Company Profile. (オンライン)

日本の廃棄物処理企業

わが国で一般廃棄物の処理に係わる人は約6万人程度います。また、産業廃棄物の処理に携わる事業者は、環境省データ（2014年12月5日更新）によると産業廃棄物で13万8,000、特別管理産業廃棄物で約9,000、合計14万8,000もの事業者が存在し、そのうちほとんどが収集運搬業者です（表3-3）。　最近では大規模な中間処理施設や最終処分場を持ち、収集運搬から最終処分までを一手に引き受ける企業もありますが、わが国に存在する廃棄物処理業者の多くは、地域に密着した中小企業であるといえるでしょう。

表3-3　わが国の産業廃棄物処理業の数

	産業廃棄物処理業						特別管理産業廃棄物処理業						産業廃棄物＋特別管理産業廃棄物処理業計
	収集運搬積替あり	収集運搬積替なし	中間処理のみ	最終処分のみ	中間処理・最終処分	計	収集運搬積替あり	収集運搬積替なし	中間処理のみ	最終処分のみ	中間処理・最終処分	計	
業者数	8751	117980	10738	539	678	138686	979	7657	720	61	33	9450	148136

データ元：環境省廃棄物リサイクル対策課　産業廃棄物処理業者情報検索システム
http://www.env.go.jp/recycle/waste/sanpai/statistics.php

日本の処理会社に望むこと

廃棄物は世界中で排出されていますが、日本の廃棄物処理企業はまだ世界に貢献する企業ではありません。特に東南アジアの廃棄物処理には日本に多くの期待があるにも関わらず、日本の会社はほとんど見向きもしていないのではないでしょうか。長年蓄積されたノウハウや技術を活用し、また国際協力する立場の日本が力を発揮できるのは、廃棄物処理分野ではないでしょうか。そのためには体力を備えて、海外の市場にも参加できるような企業に育って欲しいものです。

留学当時のアメリカの廃棄物対応

　私が留学のためにアメリカに最初に行ったのが、1965 年の 9 月でした。アメリカでは廃棄物処理が大きな問題になってきたために、本格的な対応が迫られていました。アメリカの廃棄物行政は、国が大きな枠組みを決めて、研究開発、人材養成を行っていました。後に、スーパーファンドによる不適正な処分場の修復プログラムも進めていますが、具体的な廃棄物処理の規制などは各州に任せています。1965 年は Solid Waste Disposal Act（廃棄物処理法）が制定された年でした。この法律の制定とともに、廃棄物処理分野の人材養成が必要だとのことで、幾つかの大学に「Training Grant（人材養成基金）」が交付され、私が留学したノースウェスタン大学もその一つでした。私はそこの大学院で奨学金を貰って廃棄物に関する研究をすることができました。今振り返ってみればその基金で私は廃棄物に関する教育を受ける恩恵に恵まれたというわけです。

　当時の新聞に、廃棄物の不法投棄事件が大きく取り上げられていました。ドラム缶で大量の廃棄物が人里離れた山に放置されている写真が載っていたのを記憶しています。似たようなドラム缶の不法投棄事件は日本でもありました。すでに廃棄物に関する業界誌も出版されていました。私の修士の時の研究で「ごみの収集頻度が増えると、ごみの排出量も増える」という研究成果が紹介されたこともありました。

　丁度その頃、アメリカの廃棄物処理企業ウェイスト・マネジメント社は、各地に存在していたごみ収集運搬業者、処理処分業者を統合して、急成長していました。

ウェイスト・マネジメント社のはじまり

　巨大企業ウェイスト・マネジメント社の歴史は、オランダ系移民 Harm Huizenga が 1916 年にシカゴへ移住してきたことから始まります。当時のシカゴでは、ごみ収集はオランダ系移民の仕事でした。そ

のため Harm も知り合いのつてでごみ収集の職を得、数年後独立して
ウェイスト・マネジメント社の前身エース・スカベンジャー社（Ace
Scavenger：腕利きの街路清掃人）を起こしました。会社はシカゴ
の経済発展と共に少しずつ大きくなり、1955 年に Harm の孫娘の夫
Buntrock が事業を引き継いだ時の規模は、所有する収集車が 12 台、年
間売上高は 75 万ドル程度でした。その後 Buntrock はアメリカの大量
生産、大量消費社会の時流に乗って、ごみ量の増加とともに会社を成長
させていきます。その手法は、シカゴを中心に、ウィスコンシン州の小
さな廃棄物処理業者を積極的に買収していくというものです。1960 年
代、自治体や処理業者の処理能力を超えて産業廃棄物が増大し、その不
適正処理が表面化しました。このような問題に対処すべく、1965 年に
連邦議会は廃棄物の適正処理を事業者に促す法律「廃棄物処理法」を制
定します。この法律の制定をビジネスチャンスと捉えてエース・スカベ
ンジャー社はアメリカ国内全土に展開を図ることにし、その後 1968 年
にウェイスト・マネジメント社に社名を変更しました。

企業買収・企業統合が進んだ理由

　50 年前に収集車両数台から始まった小さな街の掃除屋さんは、1971
年に株式を公開した後、廃棄物マネジメントの巨大市場を席巻していく
ことになります。1980 年までに、売上は年 48%の成長率で増加し、利
益率は 10%になりました。それを可能にしたのは、やはり積極的な企業
買収です。同社は 1983 年以降も図 3 - 5 のように、株式公開で得た資
金をもとに、積極的に企業を買収したのです。このような拡大戦略をとっ
ていたのはウェイスト・マネジメント社だけではありません。ウェイス
ト・マネジメント社のライバルであり、廃棄物分野では当時アメリカ最
大手の企業でもあった Browning-Ferris Industries（BFI）社も全米で企
業買収を行っていました。両者はしばしば買収の場面で衝突し、ウェイ
スト・マネジメント社が敗北することもありました。こうした熾烈な買

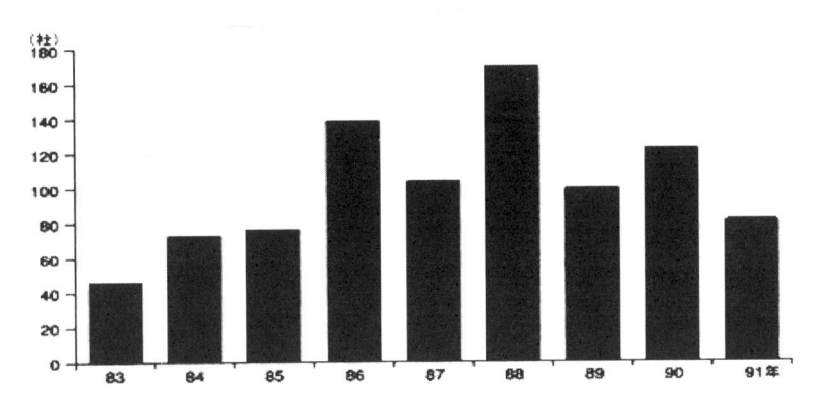

出典：五内川拡史, アメリカ環境産業の組織と市場, 財界観測, p.102, 1992

図3-5　ウェイスト・マネジメント社の企業買収数の推移

収競争によって巨大企業が形成されていったのです（1999年には、BFI社は当時資本規模がBFI社の3分の1だったAllied Waste Industries社に買収されることになります）。

廃棄物処理企業の統合メリット

　ではなぜそれほどまでに統合を進める必要があったのでしょうか。またそのメリットがあったのでしょうか。そこには環境保護問題への国民の関心の高まりと、それに伴う処理・処分の基準の強化がありました。1970年代、アメリカでは環境保護局（USEPA）が設立され、同じ年に固形廃棄物処理法を大幅に改正した資源回収法（Resource Recovery Act）が制定されました。資源回収法では新しい衛生基準が設定され、それに対応できない事業者の多くが廃業に追い込まれることになったのです。環境保全対策のために処理・処分コストが増大するなか、事業者は生き残るために統合を繰り返し、規模を拡大することで事業効率を向上させる必要があったのです。表3－4に企業統合によって向上する事業効率の例を挙げました。資本力の乏しい個々の処理業者では難しかっ

表3-4　企業統合によって向上する事業効率の例

1．埋立処分地の確保
　・大きなスペースを必要とする処分場を個々の処理業者で確保するのは非効率・また資金調達も困難
2．機材の共同購入
　・収集車両・ブルドーザー・コンパクターなどの埋立機材を一括して割安に購入でき、コスト削減につながる
3．訴訟対応／保険制度
　・訴訟問題になった場合、倒産する心配が無いため、排出事業者が安心して契約できる。訴訟問題には会社が抱える弁護士が対応してくれるので、訴訟されることに対して、心配が少なくなる。
　・事故による損害を保険でカバーできるようになる。

引用文献　Waste Management, Inc. : その歴史と戦略の事例研究：日本において求められている廃棄物事業のモデル, 小中山彰, 東海大學紀要, Vol.32, pp. 39-52, 2000

た処分場の確保や、機材の共同購入、そして汚染事故が起こった際の訴訟対応などが効率的に行えるようになるというメリットがあり、企業としては今まで通りに運営できるとしたら、企業統合の提案を断る理由が見つからなかったというわけです。

　ウェイスト・マネジメント社の企業買収は近年も盛んに行われています。2011 年に廃棄物運搬・処理・再利用サービス大手の Oallea 社を買収し、2013 年にはテキサスにある廃棄物リサイクル専業の Geenstar 社を買収しました。また、2014 年に入ってからも、コロラド州の廃棄物リサイクル会社 Curbside　Recycling 社を買収しています。

3-5　ヨーロッパのごみ処理事情

　何かと引き合いに出されるヨーロッパのリサイクルとごみ処理事情。最近では低炭素社会の実現のためにも、積極的な姿勢が見受けられます。驚くべき高効率発電、PCB 廃棄物への取り組みなど最近のヨーロッパのごみ処理事情を見てみましょう。

ヨーロッパのリサイクル

　ベルギーのブリュッセルに行くためにロンドンで乗り替えましたが、待つこと一時間、その間に飛行場で「リサイクルをしましょう」のサインを見つけました。いたるところにごみ箱があり、①紙類、②プラスチックおよび缶類、③ごみくず、の3種類の分別排出が求められています。資源を大切にしていることが分かります。ドイツやフランスの街には、少し広い空き地、公園といったところに、大きな資源ごみ用の保管容器が置かれています。家から新聞紙や、プラスチックボトル、ビンとか缶などの容器を分別して排出しリサイクルに回しているのです。リサイクルに力を入れているのは日本だけではありません。

ヨーロッパのごみ処理事情

　ヨーロッパでは日本のように可燃ごみは、必ずしも焼却されているとは限りません。焼却施設が整備され、日本と同様に可燃ごみのほとんどを焼却処理しているところはヨーロッパではスイス、ルクセンブルグ、デンマーク、ベルギー、オランダぐらいです。他の国は、物質回収によるリサイクルや、よりコストの安い埋立処分に依存しており、焼却率はそれほど高くありません。大都市では焼却炉は整備されていますが、他の都市ではこれから整備される段階です。なぜなら、どの都市も埋立処分場の確保が難しくなるからです。また、環境保全上からも有機物を埋立処分するのは望ましくなく、ドイツでは有機物のない状態にして埋め

立てするように規制されています。具体的には、有機物の含有量を示す指標が5％以下であるよう規制しています。これは、焼却をして灰になったものを埋め立てすることを意味します。焼却することによってエネルギーを回収し、焼却灰を場合によっては建設資材に使って、埋立処分場に持っていく量を最小限にしているのです。

ヨーロッパでは物質回収のリサイクルをしている国がある一方、焼却によるエネルギー回収をしている国もあり、ごみ処理のあり方はさまざまです。

アムステルダムの道路清掃

日曜日の午後、街を散策中ごみ清掃の作業員に会いました。ごみ拾いの特別の道具を持って、散らかっているごみを拾っていました。左手には金属の輪にプラスチックの袋を固定させて、拾ったごみはすばやくその袋に入れていました。誰にでも分かるようなオレンジ色の作業服を着て、てきぱきと作業をしていました。一方、道路にたまったほこりや土は、小型のトラックの頭部についたブラシを回転させながら取り除いて道路を磨いていました。このように作業員によってごみを拾ったり、機械による道路清掃などの地道な作業によって、ごみ一つ落ちていない美しい街並が保たれることが分かります。街にはごみを捨てるごみ箱が至るところにあり、ごみを収集している風景に出くわしましたが、手際よくごみ箱からごみを出してプラスチックの袋に入れて、プラスチック袋を両側が開くタイプのトラックに積み込んでいました。

ごみ作業に取り組む人々

このように世界の国々でごみ対策にかかわる人々は、一体どの程度いるのでしょうか。道路清掃、ごみ収集、ごみの焼却など処理施設の運転、埋立処分場で機材の運転、そこから出る汚水の管理に従事する人々は非常に多いのです。日本では人口1,000人当たり、1人から2人でしょう。

ロンドン、ヒースロー空港内の「リサイクルをしましょう」の表示とゴミ箱

ごみを回収して廻る作業員と両側から投入可能な収集車（オランダ、アムステルダムにて）

この比率はどこの国でもあまり変わりがありません。開発途上国では１人当たりのごみの量は少ないけれども、失業対策といったところもあり、道路清掃に多くの人がかかわっています。ごみ収集も必ずしも清掃車ではなく、人力や動物を使ったごみ収集もあるのです。そのようなわけで、開発途上国でも人口1,000人当たり１〜２人です。先進国はごみの発生量が多く、また収集サービスの向上で週に何回も集めに行きますから、たとえ近代的なごみ収集車を使っても作業員は大勢必要なのです。この人達のお陰で世界中の街並がきれいに維持されているのです。

3-6　アジアからの取り組み・アジア３Ｒ推進会議

　地球規模の資源と環境問題を解決するためには、世界の国々と一緒に取り組んでいく必要があります。日本は廃棄物処理の分野で世界に呼びかけて３Ｒ推進を図るためにＧ８で３Ｒイニシアティブを提案するなど、ごみ処理の改善のために国際協力を推し進めてきました。わが国の経験やノウハウを発信し、世界に貢献したいものです。

　日本はまず、足下のアジアで資源効率を高め、環境効率を高めるため

にアジアの都市のごみ処理の担当者と意見交換をしてきました。その結果アジア３R推進フォーラムをスタートさせることになりました。現在、アジア諸国のごみ処理はどのような状況になっているのでしょうか。私もその準備会合に出席して「どのように改善したらよいのか」について考えてみました。

アジア３R推進フォーラム準備会合

2009年6月の末、環境省主催のアジア３R推進フォーラム準備会合が東京で開かれました。地球の限られた資源を大切にし、地球規模の環境問題を解決するためには、世界の国々と一緒に取り組む必要があります。日本は少なくともアジアをリードして低炭素社会、循環型社会を築くために３Rを推進していかなくてはなりません。そのためには資源効率やエネルギー効率を高め、環境を大切にする廃棄物の適正処理を確保していかなければなりません。それらを目指す「アジア３R推進フォーラム」を発足する予定にしておりそのフォーラムで優先的に取り組む課題や発足式でまとめる東京宣言に盛り込むべき内容を確認する作業を目的に会合を開きました。

アジアのごみ処理の特徴

アジアの諸国では、急速な工業化、都市化そして人口増加のために生活様式と消費パターンが変化しており、結果的にはごみの排出量が増加し、またその内容も多様化しています。

ごみはまだ有機分が多く、水分の割合も多く、カロリーが低いのが特徴です。ごみの処理は収集運搬システムが整備された都市部を除けば、空き地に捨てるだけのいわゆるオープンダンピングがほとんどで、資源化の試みとして堆肥にするコンポストが一部実施されています。定期的に覆土する衛生埋立の割合はごく限られており、日本で見られるような焼却はほとんどありません。

日本では自治体の一般会計の３～５％くらいがごみ処理に使われていますが、アジアの途上国では20％以上となっている国もあります。人口の一部が清掃サービスを受けているに過ぎず、残りの人々はごみ処理サービスをまともに受けていないのが実態です。従って不衛生な状況が続いており、害虫による公衆衛生

アジア諸国のごみ処理の現状（フィリピン　ケソン市）

上の問題を引き起こし、埋立処分場からは汚水、場所によっては有害な化学物質を含む浸出液を垂れ流しています。また、有機物を焼却せずにそのまま埋め立てれば、地球温暖化の原因となるメタンガスが発生しているのです。

アジアの開発途上国の３Ｒの取り組み

　アジアの開発途上国での３Ｒの取り組みを見てみましょう。ごみは廃棄物として処分される前に、不要品が循環資源として売買されたり、排出された場所から有価物が回収されたり、最終処分場に投棄された廃棄物の中から有価物が回収されています。

　このような自治体や清掃会社の職員でもない人たちを、スカベンジャー、あるいはウェイスト・ピッカーと呼んでいます。職業として位置付けられていない分野で色々な物質、すなわちアルミ、プラスチック、ガラス、紙、骨、生ごみなど有価物が回収されています。他にもバッテリーや、イーウェイスト（E-Waste）と呼ばれる廃電子・電気製品、バイオメディカルウェイスト（Biomedical-Waste）と呼ばれる医療廃棄物から有価物が回収されています。こうした回収や処理をする作業環境は最悪といっても良いでしょう。処分場によっては、定期的に山積みした廃棄物が崩壊して、多くのスカベンジャーがごみの生き埋めになっています。

戦略的な廃棄物マネジメントの改善

アジアの廃棄物処理を改善するためには、資源効率、エネルギー効率、環境効率の向上が求められます。資源効率とエネルギー効率を高めるためには3Rの推進と、処理システムの最適化が不可欠です。

環境効率の向上には廃棄物の適正処理の確保が求められます。わが国は長い期間をかけてこれに取り組んできました。収集区域を拡大し、オープンダンプを衛生埋立に改善し、より安全な処理、そして埋立量を削減するために、焼却施設を導入してきました。しかし廃棄物の問題を解決するためには超えなければならない制約、障壁がたくさんあります。予算、マンパワー、機材、施設も限られています。

その処理に伴う環境リスクはより少なく、かつ資源の保全も図らなければなりません。時には実行可能な解が見つからなくなり、ごみ処理施設の不足のためにごみ戦争（注）に突入するといったケースも見受けられます。ごみ処理の改善には、金銭的な資源の増加が必要な場合もあります。しかし今のままで、ごみの削減や分別に住民の協力を得るとか施策の変更などいろいろ工夫をすることで改善することもできるのです。

注：ごみ戦争　ごみ問題に関する紛争。ごみ処理施設は周辺の住民からは迷惑施設と受け取られ、施設の建設が反対されることが多い。施設の建設ができないとごみを持って行くところがないので収集も処理も出来ない。そのような状態をごみ戦争という。代表的なものに1950年代後半から1970年代にかけて杉並区に計画された焼却施設の建設が反対され、杉並区から持ち込まれるごみを処分場がある江東区の住民が受け入れ拒否をした「東京ごみ戦争」がある。東京都杉並区のごみ処理を巡って江東区と杉並区が争い、当時の美濃部都知事によって「ごみ戦争宣言」が行われ、それ以降類似の紛争はごみ戦争と呼ばれるようになった。

3-7　廃棄物対策の最後の砦、最終処分場　——シンガポールの場合

シンガポールは日本と同じく国土が狭くて、人口密度は高い、廃棄物を処分するスペースは全くないといったところから、住宅は高層ビルが立ち並んでおり、ごみ処理の基本は焼却して、埋立量を少なくして、処

分場は海を活用といったところが共通です。他にはスイス、デンマークといった国が、可燃ごみは全量焼却して埋立量を減らすアプローチを取っています。

人口 450 万人の出すごみは 4 つの焼却施設で焼却されています。その焼却灰はどこに行くのでしょうか？　その行方を追ってみました。

中継基地から処分場に

4 カ所の焼却場からの焼却灰を積んだ運搬車はツアス（Tuas）臨海中継基地に入ると、計量し管理棟で受付してもらい、20 カ所の積み下ろし場の一つに行き、積み下ろします。下で待っているのは $3,500m^3$ ある船です。船が廃棄物でいっぱいになると、廃棄物の飛散防止のために上部をカバーします。

焼却灰などを積んだ船は、夜の内にこの中継基地から 25km 離れた海の中に作られた処分場に 3 時間掛けて運ばれていき、積み下ろしのための建物内で 6 時間掛けて積み下ろしされます。積み下ろされた埋立てされるものは 35t も積める大型のトラックで処分される場所まで運ばれ、そこで囲いをされた処分場の中に投棄処分されます。

2 つの島をつないで作った海面最終処分場

このセマカウ処分場はシンガポールで唯一の処分場です。1999 年から稼働しています。焼却灰、建設や解体に伴うコンクリートなど瓦礫類

セマカウ処分場の遠景

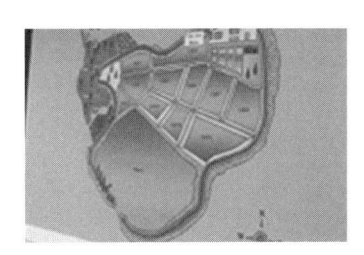

セマカウ処分場の全体像

を持ち込んで処分しています。処分場の建設には4年を費やし、総工費6億1,000万シンガポールドル（約450億円）で、埋立処分場の広さ350ha（東京の海面処分場も約300haあります）、処分容量6,300万 m^3 もあるこの処分場は、2つの島（Pulau Semakau と Pulau Sakeng）を結んで作った外周7kmの海の沖合いにあるきわめて珍しい海面最終処分場です。この広さなら計画の2045年よりも長く使えるでしょう。

処分場と住民

この処分場はシンガポール政府が直営で建設、運営していますが、廃棄物の処分場が住民に受け入れられるための努力は大変なものです。処分場の管理棟には、見学者のためのビジターセンターがあります。訪問者を積極的に受け入れています。例えば、処分場では3時間のウォーキングツアーができ、マングローブ、海草、かに、えびなど生き物、植物の観察ができます。

バードウォッチング、スポーツフィッシング、天体観察、環境教育といった市民の活動を支援する色々な準備がされています。バーベキューパーティもできます。環境を損ねないように配慮され、私が訪ねた時も、大きなトカゲがのんびり歩いていました。

2007年は第1回の市民によるマラソン競技も行われました。これはチャリティイベントとして行われており、42社が協賛し、150名が参加したそうです。集まった約40万シンガポールドルは、シンガポール環境協会、シンガポール公衆便所協会など6つの環境分野のNGOに寄付されました。このように環境を良くするための活動を積極的に支援しています。

シンカポールの３R政策

シンガポールの廃棄物処分場もできるだけ長持ちをさせるために、色々な施策を展開しています。シンガポールの人口は450万人ですが、

そのうち外国人労働者は 75 万人ほどおり、毎日排出される 7,000t（過去 10 年で 2 倍になりました）のごみの 92% を 4 カ所の焼却施設で処理して減容しています。現在は 1 日当たり焼却灰が 1,500t、その他の不燃の建設廃棄物が 500t 搬入されています。埋立処分コストはトン当たり約 5,000 円だそうです。全国で 3 R を展開し、埋立処分量をゼロにすることを目標にしています。ごみのリサイクル比率を 2012 年までには 60% まで高めていく予定です。

ごみゼロ、埋立処分量ゼロを目指して取り組んでいるので、そのうち埋立てに持ってくる量は減ることが期待され、そうなればこの処分場はもっと長く使えるでしょう。焼却灰の有効利用の研究も進んでいるのですが、住民の受け入れの面から、未だマーケットがないのでここで処分せざるを得ないそうです。この点も日本とよく似ています。

3-8　世界最大のごみ最終処分場　——韓国の場合

新しい国際空港があるインチョン市には、最新の技術を駆使した世界最大の廃棄物最終処分場が建設され、ソウル市を中心とした広域からの廃棄物の受け皿になっているのです。その最終処分場の跡地には夢の公園（ドリームパーク）の建設が計画されています。

世界の廃棄物最終処分場

不要なものを最終的に捨てることができるところが最終処分場になります。それが貝塚に見られるようにその地方の、またその時の生活、文化、技術が分かるというわけです。1986 年に韓国に行った時には、ナンジドゥというソウルのキンポ国際空港に近いごみ処分場を調査しました。

まだ覆土をしていない処分場、すなわちオープンダンプの処分場からは、多くの人がプラスチック等資源ごみを回収していました。どこの開発途上国でもスカベンジャーとかウェイスト・ピッカーと呼ばれる人た

ちがごみ処分場で生活の糧を得ていました。

　世界の廃棄物の大半は未だこのような最終処分場で処分されています。韓国でオリンピックが開催された 1988 年の次の年から新しい処分場の建設が始まりました。

日量 2 万 t を受け入れる世界最大のごみ処分場

　ソウルやその近辺からの廃棄物を受け入れる最終処分場、スドカファン（Sudokgn）埋立処分場は 1992 年度から廃棄物の搬入を開始、日量 2 万 t を受け入れています。全体の面積は約 2,000ha（東京ドームの 425 倍）で、2017 年までに約 3 億 3,000 万 t を埋め立てる世界最大規模の最終処分場といえるでしょう。

韓国のインチョンにある Sudokgn 埋立処分場

　搬入物の大半は建設廃棄物ですが家庭から出るごみや産業廃棄物なども搬入されています。半分は人口 1,000 万人を抱えるソウル特別市 25 地区からの廃棄物ですが、残りは新しいインチョン国際空港があるインチョン市の 9 地区、また周辺 24 の自治体から廃棄物が搬入されています。日本にも幾つかの自治体が集まって運営する最終処分場がありますが、スドカファン処分場に比べると小さいことが分かります。

処分場の安全対策と跡地利用

　搬入される廃棄物は、大半は建設系の廃棄物ですが、焼却灰もあり、また焼却されない生ごみも入ってきます。従って腐敗してメタンガスが発生し、汚水も発生します。そこで廃棄物の厚さ 4.5m に達すると 50cm の厚さの覆土をし、それを順にサンドイッチ方式で積み重ねて 8 層までして 40m の高さまで積み上げられています。

最終処分場の土地利用計画　ドリームパークの青写真

　処分場内は縦横に張り巡らしたパイプでメタンガスを回収し、それを使って発電しています。浸出液の発生を最少にするために、埋立作業場を狭い場所に限定し、迅速な雨水排除を行い、雨天の時の廃棄物搬入に際しては廃棄物の一時保管を行うなど工夫をしているそうです。悪臭対策にも気を使い、廃棄物投入後速やかに覆土・圧縮し、消臭剤をかけます。従って処分場では、ガス回収、雨水と浸出液の排除、外周道路や内部区画道路の建設維持管理が重要な業務となっています。

夢の公園計画
　この最終処分場は韓国の環境省が計画し今では公社（SLC）が維持管理を行っています。浸出液の処理、メタンガス回収発電、廃棄物処分に関する研究、廃棄物処理施設における環境監視、評価も行っています。
　廃棄物からの資源の積極的活用、温暖化対策も含めた環境保全対策を行っています。その他にこの広大な海に面した最終処分場の跡地を「夢の公園（Dream Park）」とし世界最大の環境テーマパークに変える計画を推し進めています。韓国のみならず、世界から多くの人を呼び込み、経済効果をもたらしたいとの意気込みです。
　インチョンの自由経済特区、国際空港も備わって、世界でも最もホッ

トなスポットにするのが最終の狙いです。夢の公園には、野生の花公園、ゴルフ場を備えたスポーツ公園などが建設され、これから環境文化公園、環境イベント総合施設等を建設する青写真ができています。

今後の廃棄物最終処分場

　世界の大都市はどこも、廃棄物の最終処分場の確保は頭の痛いところです。またすでに処分場があるところも埋め立てる廃棄物を減らして、できるだけ長持ちさせる工夫をしています。

　また地球温暖化に都合が悪いメタンガスの発生が問題となることから埋立処分場はなくしていこうといった施策が世界の流れです。韓国も台所から出る生ごみの埋立処分は 2005 年から禁止されましたので焼却灰など不燃系のものしか搬入されなくなるでしょう。そうするとメタンガスの回収は激減します。

　一部アメリカやその他の開発途上国で処分場からのメタンガス回収がされていますが、焼却を原則とする日本ではメタンガスは回収に値するほど発生しません。一方最終処分場は土地造成といった側面があります。シンガポールの海面埋立、韓国の海面最終処分場は広大な土地の造成といった面を評価することができます。

3-9　改善が急がれる最終処分場、フィリピンのスモーキーマウンテン

　いつも煙が出ている山、スモーキーマウンテンは開発途上国の廃棄物最終処分場の代名詞です。ここでは多くの人が捨てたごみから資源を回収して生計を立てています。どこの国もこの状態を改善することが課題です。スモーキーマウンテンの元祖フィリピン・マニラの最終処分場はどうなっているのでしょうか。フィリピンの処分場で発生するメタンガス回収に取り組むパンジェア・グリーン・エネルギー社のジョイ・ゴンザレス（Joy O. Gonzales）さんに会って処分場崩壊による多数の死者を

出した大惨事や、ごみ焼却禁止、低炭素社会への取り組みの話を聞きました。

スモーキーマウンテンの元祖、マニラの処分場

　別名スモーキーマウンテンと呼ばれる最終処分場は、レベルの低い廃棄物処分場のことを言います。開発途上国の処分場はどこの国に行ってもオープンダンピング、スモーキーマウンテンを目にすることができます。スモーキーマウンテンの元祖はフィリピンのマニラにあった処分場です。煙がひどい時には、近くの高速道路が閉鎖されることがありました。1986 年にはフィリピンのコラソン・アキノ大統領が「国の最大の社会問題はスモーキーマウンテンだ」と言って改善に取り組みました。マニラ首都圏の約 1,400 万人から排出される大量のごみが持ち込まれます。衛生的な最終処分場なら当然覆土されますが、定期的な覆土がされない処分のことはオープンダンピングとも呼ばれます。そこでは資源ごみを回収したのち、自然発火、あるいは意図的に火をつけてごみを燃やすのでいつも煙の出る山という意味でスモーキーマウンテンと呼ばれるわけです。

最悪な仕事場、スモーキーマウンテン

　そこには何千人ものスカベンジャーと呼ばれる資源ごみの回収に携わる人たちがおり、劣悪な労働状況の中でごみ拾いをし、そこで生まれ、そこを仕事場にし、そこで死んでいく状況が、大統領から見れば改善が急がれる最大の社会問題として映ったに違いありません。このような場所で働かなくても済むような社会にしていく覚悟が伺えます。そのマニラの処分場は今では閉鎖されていました。

　ケソン市の処分場でも約 1,000 名もの人がスカベンジャーとして資源ごみを回収しています。トラックがごみを投棄したら、20 分間だけ資源ごみを回収する時間が与えられます。その間に資源ごみを回収しなければ、次のトラックが入ってきます。ケソン市の 240 万人から排出されるごみを毎日約 400 台のトラックで運んでいるとのことです。

ごみ山の崩壊による大惨事

　ケソン市の処分場は、2000年に働いていた200人以上のスカベンジャーが処分場で起きたごみの崩落で亡くなったことでも知られています。処分場での資源ごみの回収がいかに危険、汚い、きつい、の3Kの場所かが分かります。このような痛ましい事件はインドネシアでも起こっています。

　ごみがそのまま埋め立てられ、定期的な覆土がないために処分場が安定せず、大雨などの理由でごみが崩落すると、スカベンジャーたちが巻き込まれて死亡するわけです。処分場のごみの厚さは40mもあります。このようなごみの中に埋もれて死んでいくような痛ましい事故はなくしていかなければなりません。現在では処分場の管理は改善され、このような危険は小さくなっています。

ごみ焼却が禁止されている国、フィリピン

　フィリピンではごみの焼却が法律で禁止されています。大気汚染、特にダイオキシン類の発生の原因になることからごみの焼却が禁止されているのです。処分場のごみは乾燥して燃えやすくなります。また処分されたごみは分解して可燃性のメタンガスを発生します。それらがいつも燃えている、スモーキーマウンテンの悪いイメージから焼却が禁止されているのです。そのお陰で立派な焼却炉も建設されることはなく、一部ではいつまでも最悪の野焼きが放置されています。本当は不適正な野焼きや、スモーキーマウンテンをなくす意図だったと思います。この件では裁判までなって、適正な管理のできる焼却は必ずしも禁止するものではないとの判断がされています。

メタンガスの回収が地球温暖化対策になるか

　パンジェア・グリーン・エネルギー社はイタリアの会社で、再生可能エネルギー回収に投資し、風力、水力、地熱や、廃棄物処分場から発生

するガス等のエネルギーを生産しています。ケソン市の最終処分場に、都市ごみを利用したものとしてはフィリピンで初めてのCDM（注）プロジェクトが実施されています。生ごみが処分されている埋立場では多くのメタンガスが発生します。メタンガスは地球温暖化の主要因である二酸化炭素（CO_2）に比べ温暖化に対し21倍もの影響があるため、メタンガスを回収し燃焼することで、メタンガスがCO_2に変化し温暖化の影響が少なくなるので、その少なくなった分がクレジットとして得られるわけです。また、施設の早期安定化、自然発火のリスクの低減、地下水汚染の削減等の副次的効果もあります。施設は昨年建設され、現在は回収するメタンガスの約1割を発電に使い、残りはそのまま燃焼しています。発電の割合を増やすには追加投資が必要となるため、発生するメタンガスの量の確認、余剰電力の売却交渉等を進めた上で、追加投資の判断をするとのことでした。低炭素社会への取り組みがここでも行われていました。

注：CDM
　クリーン・開発・メカニズム、先進国が、開発途上国で行う温室効果ガスの削減プロジェクトに技術や資金を提供した場合、その削減の一部を先進国の削減目標の達成に活用できる仕組み

フィリピン初のCDMプロジェクト、メタンガス回収
処分施設

3-10 インド12億人のごみ処理

南インドの中心都市チェンナイ（旧マドラス）で、鳥取環境大学とアンナ大学が共催して廃棄物処理に関するワークショップを開催しました。アジア諸国への3R定着を促し、資源と環境を大切にする生活様式を普及して循環型社会を構築することが重要です。アジアにおける廃棄物系バイオマス利活用の実態把握、利活用の課題解決に向けた議論や情報交換、各国の連携ネットワーク作りを目的とし、タイ、インドネシア、ベトナム、ネパールで今までワークショップを開催してきましたが、2014年は人口の多いインドとバングラデシュで開催しました。

都市ごみ2億 t の40%は収集もされていない？

日本の人口の約10倍の12億5,000万人のインドでは、年間約2億tのごみが排出されています。そのうち有機物は50%という推定値もあります。日本は年間5,000万tのごみ排出量ですので、一人当たりにすると日本の40%、すなわち日量400gの排出量という事になります。そのうち収集されているのは、20%から60%ぐらいでしょう。そのほとんどは野焼き・オープンダンピングされています。かなりのごみが都市のごみ収集サービスを受けないで、自家処理あるいは非正規のごみ収集者により回収されていることが推測されます。

インドでは、2000年に都市固形廃棄物に関する規則「Municipal Solid Waste（Management & Handling）Rules 2000」が制定され、発生源の分別や保管、戸別収集、オープン型ごみ保管所の廃止など、ごみ処理に関する最低限の基準が示されました。しかし、10年以上が経過した現在でも戸別収集は廃棄物全体の約半分、家庭での分別はほとんど行われておらず、規則が守られぬまま廃棄物処理が行われています。

インド南東に位置するチェンナイのリバーサイド処分場

　今回訪れたタミル・ナドゥ州は2012年現在、インド各州の中でも日系企業が最多の344社が進出しており、今後の日本とのつながりがますます強くなると期待される地域です。その中でもチェンナイは、南インドの東玄関口とも呼ばれ、南インドの中心となる大都市です。ホテルや街並にはイギリスの植民地時代の影響か、西洋的雰囲気があちこちに残っています。

　チェンナイ市では川沿いの廃棄物投棄場所を視察しましたが、延々と川岸にごみが積み上げられ、雨が降ると処分したごみから浸出液が流れ出て川に浸出するのは確実と思われます。チェンナイ市にある伝統のあるアンナ大学には、環境研究センターが設けられており、廃棄物などを対象とした測定および分析も可能な実験室が整備されていました。広大なキャンパス内には学生食堂からの食品廃棄物を利用したバイオガス回収施設が設置されていて、回収したメタンガスを近くの調理場の熱源として利用していました。

　大学のキャンパスには美しいサリーを着た利発そうな女子学生が多く、インドの女性の今後の活躍が期待されます。

儀式を重んじるアンナ大学でのワークショップ

　大学で開催したワークショップでは、受付で参加者一人ずつに生花が渡され、眉間に赤い印をつけてもらいました。開会に当たって参加者は全員起立して10人ほどの女子学生たちが国歌斉唱を行いました。うやうやしく儀式を重んじながらも歓迎の意も感じ、日本との違いに大変驚きました。

　ワークショップの狙いは廃棄物系バイオマスの利活用ですが、インド側の要望もあって「Waste to Energy」（廃棄物発電）に焦点を当て、日印関係者が各国の廃棄物発電の現状を紹介し、日本のプラントメーカーから日本の廃棄物発電の技術を紹介してもらいました。アンナ大学

のクリアン教授によると、インドの都市で年間収集している有機性のごみは約 4,000 万 t であり、バイオマス利活用を促進する政策、税制上の優遇策、初期投資における免税などがあると紹介されました。しかし、利活用において廃棄物の品質が一定せず色々課題があるとの話がありました。廃棄物処理には民間企業の参加や、労働者の福祉向上、全体を総括する専門家の参加や制度の整備等が必要であると強調されました。

廃棄物発電への関心が高まるインド

　インドでは「Waste to Energy」への関心、必要性はだんだん高まってきているように感じました。しかし、廃棄物発電を具現化していく過程で失敗を繰り返してきたようです。失敗の原因を探し出そうにも相談できる専門家が育っていないという悪循環なのでしょう。

　パネルディスカッションでは「インドにおける廃棄物発電の技術開発の促進と展望について」議論しました。コストを重視して安い中間処理を選択して、自治体の責任者も廃棄物処理に対して他人事のように捉えているように見られます。廃棄物に関する正確なデータを把握していないようでした。またその必要性も低いのでしょう。収集・運搬から最終処分までトータルで捉えて最適化することが大切ですし、ごみの量や質、処理の効率、コストなどについて正確なデータ収集は、有効な改善対策を講じるための第一歩です。

チェンナイ市のリバーサイド・ダンピング

大学食堂の食品廃棄物からメタンガス回収施設

進出した日系企業も困っている廃棄物処理

　インド在住の日本人参加者から、インドに多くの企業が進出しているが、産業活動で排出される廃棄物の処理施設に対する使用許可が何年も下りず、大変困っているという話を聞きました。インドのように開発途上にありながらも規制は先進国並みになると、規制をクリアするためにはコストがかかり過ぎて実行できず、現状の劣悪な処理状況を続けなければならなくなるのです。

　こういった環境問題を解決するためにも、行政・企業・専門家が協力し合い、現実に則した実現可能な政策や取り組みを積み重ねていくことが、廃棄物処理レベルの向上へとつながる近道ではないでしょうか。

北部デリー市の最終処分場

　デリー市を訪れた 8 月終わりは雨季に当たり、45 度を超える酷暑がひと段落した頃でした。とはいえ、日本の真夏と同じような気温のため、蚊を媒体とするデング熱に気を付けなければなりません。虫除けや蚊取り線香が必要です。到着したインディラ・ガンディー国際空港からは早速、オクラ（Okhla）にあるごみ発電施設とコンポストプラントの見学に向かいました。途中で見かける車はスズキ自動車と地元のタタ自動車がほとんどでした。定員オーバーで走るバイクやオートリクシャー（日本から輸入し広まった人力車が語源、小型 3 輪の後部を 2 人掛けにした幌つきの小さい車）が我々の車すれすれに走る姿に、もうすぐ人口が世界一になるインドの逞しさを感じました。

インドとデリー市

　インドの強い産業は、鉄鋼、自動車、情報（ＩＴ）産業です。鉄鋼はインドの中部に、自動車は北部から西南部を貫く地域に生産拠点が広がり、ＩＴソフト産業は南部に産業ベルトが確立しています。インドの粗鋼生産量は 2012 年で 7,000 万 t を超えています。自動車の生産は 300

万台を超え、ＩＴ産業では国内外から 10 兆円以上を稼いでいます。

インドの首都ニューデリーはデリー市の一部です。インドの人口が 12 億 5,000 万人ですが、デリー市の人口は 1,100 万人から 1,800 万人でしょう。ただスラム街に住んでいる人達は十分把握されていないために、人口も色々な数字が記載されており、誰も正確な数字は分かりません。現在のデリー市は 19 世紀まで栄えたムスリム・インド（ムガル帝国）の首都として栄えた「オールド・デリー」と 20 世紀になってイギリスの植民地政府が行政府を置いた「ニューデリー」の 2 つの地区から構成されています。

インド初のごみ発電施設とコンポスト施設

デリー市内オクラにあるオクラ焼却施設は、処理規模が 1,500t ／日、インドで初めてのごみ発電プラントです。付近でダイオキシンなどの汚染が問題になり、周辺住民から激しい反対運動が起こっています。膨大な建設費用をかけて建設したのですが、相当の赤字を計上しており問題山積のようでした。東デリー地方自治体職員のアルン氏とプラディープ氏によると、デリー市が対象としているのは、2012 年現在人口が約 1,700 万人、一人あたりの廃棄物排出量は 500 ｇ／日で、日量 8,500t を排出しているそうです。将来は人口が増加し一人当たりの発生量も増えるために総排出量は驚異的な伸びで増加することが推測されます。デリーの総人口の約半分がスラム街などに許可なく暮らしているため、都市ごみの処理（収集から処分）システムが確立できないことで、色々課題があるとの指摘がありました。

隣接するコンポスト施設では、発電プラントで選別された生ごみなどを受け入れていました。処理能力は、受け入れごみ 500t ／日で、75t ／日の堆肥を生産しており、堆肥化した製品は約 2,500 ルピー／ t(1 ルピーは約 1.86 円、2013 年 12 月時点）で、小口に分けて売却されているとのことでした。

オクラごみ発電施設・遠景　　　　ごみ発電施設に隣接するオクラコンポストプラント

建設中の RDF（ごみ燃料）発電施設

　デリー市のガジプル（Ghazipur）に建設中の RDF プラントを視察しました。建設費用は 30 億ルピーで、政府から補助金 1 億ルピーが出ているといいます。受入量 1,300t ／日で、可燃物 40％、生ごみ 35％、資源ごみ 5％、残渣 20％のうち、生ごみ、資源ごみ、残渣はウェイストピッカーによって手選別や磁力選別、振動ふるいによる自動選別がされるそうです。選別後、それぞれオクラの堆肥化施設、資源ごみの保管施設、隣接する埋立地へ搬入され、残った可燃物のみを RDF 化し焼却発電を行う予定だそうです。

　選別のために、近隣のダンプサイトからウェイストピッカーを 50 名ほど雇い入れ、雇用を生み出したいとのことです。敷地内には、労働者の家族と思われる小さな子供達が遊んでおり、建物の一角には保育室も用意してありました。

　ごみの山の隣で生まれ満足な教育を受けられずに生活している彼らにとってそこが帰る場所となります。ウェイストピッカーは、ごみ捨て場が生活の糧を得る場所です。ウェイストピッカーの問題はごみ問題というよりは社会問題です。

ガジプル埋立処分場

　現在デリーには 3 つの埋立処分場（Ghazipur,Okhla,Bhalswa）があります
が、そのうちの一つ 1984 年より稼働している Ghazipur 埋立処分
場を視察しました。近隣住民への配慮からダンプサイトが横に拡大でき
ないため、上に積み上げ、とてつもない高さになっていました。専有面
積 29ha、総蓄積廃棄物量はおよそ 500 万 t と巨大なごみの山です。埋
立完了後の区域は最終覆土を行い、内部で醗酵して発生するメタンガス
の回収を行っていました。回収したメタンは今のところ熱利用はせず、
燃焼しているということでした。処分場の頂上では重機や搬入トラック
が往来し、犬や牛・カラス・ハエなどが生ごみを食料として集まってい
ました。牛と犬の数が大変多く自由に生活をしているようでした。風に
あおられて散乱したごみからは火が上がっていました。ガジプル埋立処
分場のウェイストピッカーは数百人規模と推定されます。ここでも少年
が袋を手に持ち、ごみの中から有価物を回収していました。

多くの課題を抱えるインドのごみ処理

　開発途上国の共通の課題ですが、収集作業員が 5 万人と多く経費の
80％の費用を収集運搬に使っています。また 3 つの最終処分場がいずれ
も計画終了時期を経過しているにもかかわらず、新規の処分場が建設さ
れていません。最終処分場の確保が進まない中で、埋立量を削減する焼
却施設の建設がデリーで実現しました。しかし、ダイオキシン問題でご
み発電の運転が反対運動に直面しています。ごみ発電の利点を実証して
いく意味でも継続して運転することが重要であると思います。開発途上
国では、埋立回避としては、まずコンポストが導入されます。しかしコ
ンポストもマーケットがなくなりその効果が十分発揮できなくなり、ご
み発電に移行していくことになるでしょう。

　中国はまだまだ焼却には進まないであろうと思われていましたが、今
やごみ発電施設が建設ラッシュの最中です。人口が多い大都市では、大

動物が暮らす：ガジプル埋立処分場頂上

量の廃棄物が発生し、また処分場の確保が難しいので、処分場の回避のための中間処理としてごみ発電に行くしかないと思われます。

　インド初のごみ発電施設を見学し、また２番目のRDF（ごみ燃料）発電施設の建設現場を見学することができました。南部のチェンナイ市でもごみ発電の計画があると市の担当者から聞くことができました。現状では経済的なメリットを優先し、埋立容量を消耗する直接埋立をしていますが、持続可能なごみ処理システムの確立のためにはそれをいつまでも選択できないでしょう。日本の経験や技術を生かした質の高い廃棄物発電でそもそもの廃棄物の適正処理レベルを高めていくことが極めて重要です。現在インドからの留学生は約500人と少ないですが、日本はインドとの架け橋に留学生誘致に力を入れていくといいます。さまざまな分野を学び合い、インドの処理レベルの向上や相互の発展に日本が貢献できればと願うばかりです。

第4章　世界のごみ発電

日本のごみ発電

4-1　ごみ発電大幅アップへ　——わが国の政策

　石油資源の枯渇、地球温暖化問題の深刻化という昨今の情勢を受け、世界ではごみのエネルギー利用に大きな注目が集まっています。わが国のごみ焼却施設整備でもいよいよ低炭素社会へ向けた廃棄物エネルギー利用・発電を最重視した政策へと舵が切られようとしています。わが国の廃棄物焼却の位置づけや現状を振り返り、ごみ発電大幅アップへ向けた目標をどうすれば達成できるかについて考えてみたいと思います。

わが国のごみ焼却

　ごみの処理は、必要な資源を回収した後に直接埋め立てるか、焼却等の中間処理を経て埋め立てるかの2択です。どちらを選択するかはその国の風土や社会状況によって決められます。わが国は国土が狭いために最終処分場の確保が難しく、夏季に高温・多湿となるため、ごみの減量化の効果が高く、病原菌等の滅菌効果が高い焼却処理を早くから選択してきました。

　近年は3Rの推進により、一般廃棄物の総排出量は微減傾向にあります。2011年度のデータでは、わが国において1年間に処理される一般廃棄物（約4,540万t）のうち、約78%（約3,800万t）が直接焼却されています。

ダイオキシン問題の克服

　ごみ焼却はわが国の廃棄物処理の主力であるわけですが、1980年代以降、廃棄物の焼却に伴い発生するダイオキシン類への不安から、焼却

施設の建設反対運動が高まって焼却炉が非常に造りづらい状況になりました。

　市民の安心を確保するため、そしてダイオキシンの発生量を削減するため、さまざまな基準やガイドラインが作られました。またそれら厳しい基準を事業者がクリアするために莫大な額の財政的支援が行われました。こうした取り組みの結果、2006年度においては、1997年度比で約99％ダイオキシン類の排出量が削減されました。また、ごみを24時間安定的に燃やすためにごみ処理の広域化が進み技術開発も進んだことで、ダイオキシン類対策と効率的な廃棄物発電の両立が実現されたのです。また、高度なダイオキシン対策によって、その他の重金属や塩化水素等の有害物質のリスクも大幅に低減しました。

ごみ発電の状況

　現在のごみ焼却では発電に注目が集まっています。図4－1はわが国の焼却炉における発電の現状を示しています。横軸が炉の処理能力、縦

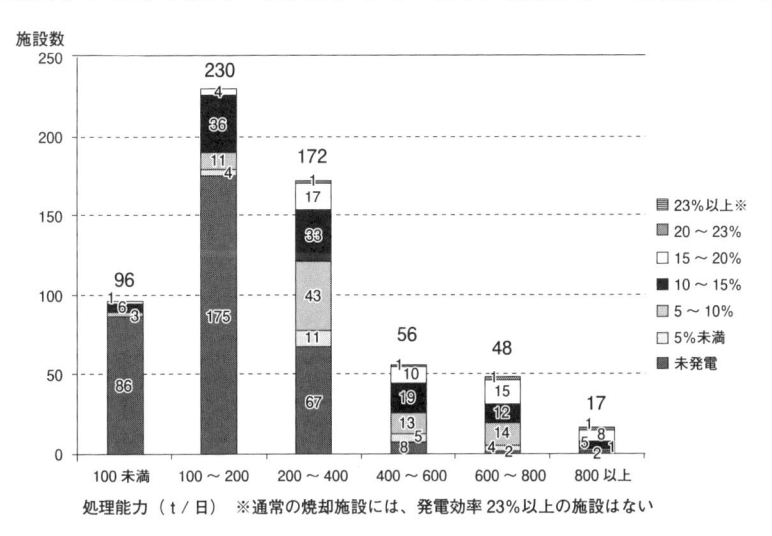

図4-1　ごみ焼却施設における発電の現状（環境省資料）

軸が施設数で、そのうちの発電有無と発電効率の内訳をみることができます。処理施設の数で一番多いのが100tから200tで、そのほとんどが発電を行っていないのが分かります。発電を行っているケースでは一番多いのが発電効率10〜15%というものです。オランダのケース（処理能力4,500t/日、発電効率30%）と比べると、わが国のごみ発電は小規模、低発電効率であることが分かります。

ごみ発電の大幅アップ

　こうした状況を受け、わが国では一定以上の熱回収率を確保できる地球温暖化防止に配慮した廃棄物処理施設の整備を推進しようという舵取りが始まりました。環境省の新5カ年施設整備計画ではごみ焼却施設の総発電能力の目標値が現状の1,630MW（2007年度）から2,500MW（2012年度）に大幅アップに設定されています（図4-2）。この2,500 MW（250万kW）に、負荷率0.75と年間稼働日数300日（7,200時間）を掛

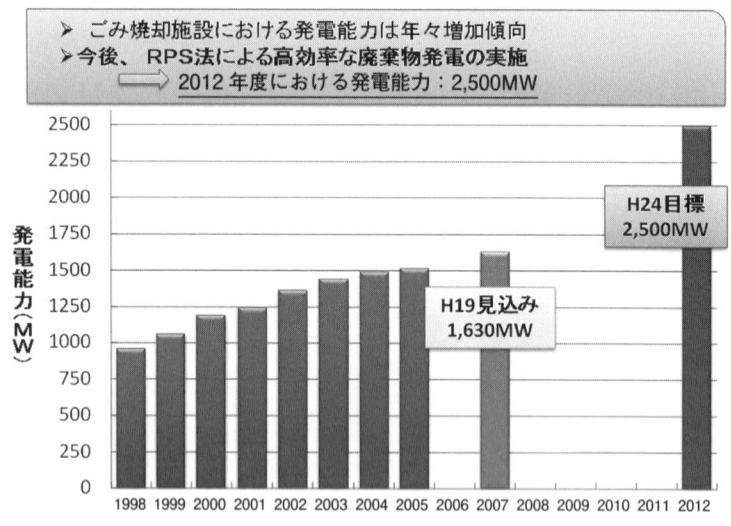

図4-2　これまでのごみ発電能力と2012年の目標（環境省資料）

けて年間の発電電力を求めると135億kWhになります。一方、家庭用電力消費量はおよそ2,000億kWhですから、ごみ焼却発電の電力が家庭用消費電力の約7％に相当する、というかなり意欲的な目標といえるでしょう。

この目標を達成するためには、発電効率の高い施設の整備をどんどん進めていく必要があります。そのための措置として、市町村が高効率ごみ焼却施設（発電効率約23%相当）の施設整備をする場合、循環型社会形成推進交付金の交付率を従来の1/3から1/2へと嵩上げすることになりました。

4-2　ごみ発電大幅アップへ　——東京都23区の取り組み

自治体では高効率ごみ発電に向けてこれまでどのような取り組みがなされてきたのか、東京23区を例に紹介したいと思います。わが国の首都東京でのごみ発電は、これまでどのように行われているのでしょうか？　今後の取り組みは？

特別区（東京23区）における清掃事業

東京23区内では、ごみの収集運搬は23の特別区がそれぞれ行い、清掃工場などの中間処理施設の管理は東京23区清掃一部事務組合が行い、最終処分場の管理は東京都が行っています。一部事務組合とは、2つ以上の地方公共団体が、その事務の一部を共同処理するために設ける特別地方公共団体のことを指します。東京都心では狭い行政区域に人口が密集しているので、23区のそれぞれにごみ処理施設を建設するよりは、共同で設置・運営できる一部事務組合の方が効率的です。また、発電効率を上げるためにも、ある程度広域で規模の大きい焼却炉を運営する必要があります。

現在、23区内の915万人の家庭や事業所などから排出されるごみは、

年間約 333 万 t、1 日当たりにすると、約 9,100t になります。このうち、可燃ごみは年間 288 万 t で、21 の清掃工場で焼却処理しています。

特別区のごみ発電の変遷と現状

　2015 年 2 月現在、23 区内で稼働中の 19 の清掃工場には、その全てに発電機が設置されています。わが国の焼却炉のうち発電施設を有するのは 22% 程度にとどまっていますから（環境省 2006 年度調査）、23 区の発電への取り組みはかなり進んでいると言えるでしょう。2013 年度実績で年間の発電総量は 11 億 3,000kWh です。そのうち清掃工場内で約 5 億 6,000kWh を消費し、残りの約 5 億 7,000kWh を売電しています。それにより一部事務組合は約 98 億円の売電収入を得ています。財政状況が厳しい昨今、ごみ発電は経費節減に大いに貢献していると言えるでしょう。

　日本で初めてごみ発電が導入されたのは 1965 年竣工の大阪市西淀清掃工場で、東京都では、1969 年に世田谷清掃工場で初めて導入されました。1983 年には、熱を更に効率的に利用するための地域熱供給が光が丘清掃工場および大井清掃工場で導入され、光が丘団地（計画戸数 1 万 2,000 戸）、品川八潮団地（計画戸数 5,270 戸）での熱供給が始まりました。

　現在稼働している清掃工場の建設時期は、1982 年度竣工の杉並工場から 2007 年度竣工の世田谷工場まで大きく異なっており、焼却炉の設計ではごみ 1kg 当たりの最高熱量も 8,800kJ から 1 万 4,700kJ まで、その時々のごみ性状や操業条件により大きく異なっています。

　杉並工場など昭和の時代に建設された工場の発電効率は 10% 以下となっており、1990 年以降ではおよそ 13% 以上の発電効率が確保されています。

　2001 年以降 23 区で建設された工場では、発電効率を向上させるために蒸気温度 400 度、蒸気圧 4MPa で設計し、発電効率は約 16% 程度と

なっています。工場ごとの発電能力では、1998年竣工の新江東工場が5万kWと日本最大の発電能力をもっています。このような取り組みの結果、23区でのごみ発電量は1989年度の約4億kWhから、2007年度には9億5,000kWhに増加しています（図4-3）。

　また、エネルギーの有効利用の視点から、発電のみでなく地域冷暖房など外部給熱も積極的に行っており、2007年度実績では約67万GJの熱利用が行われています。

　2001年には電力小売りが自由化され、特定規模電気事業者（既存の電力会社以外に新規参入した電気事業者）への売電が可能となり、電力の売り先を入札によって決定することで売電収入が増加し運営経費の節減が図られました。また、2003年には、RPS法（Renewable Portfolio Standard）の施行でごみ発電のバイオマス分が環境に優しい新エネルギーとして認められ、電力を売却しやすくなりました。RPS法とは、新エネルギー等の更なる普及のため電気事業者に一定割合で再生可能エネルギーの導入を義務づける制度であり、これによりごみ発電の優位性

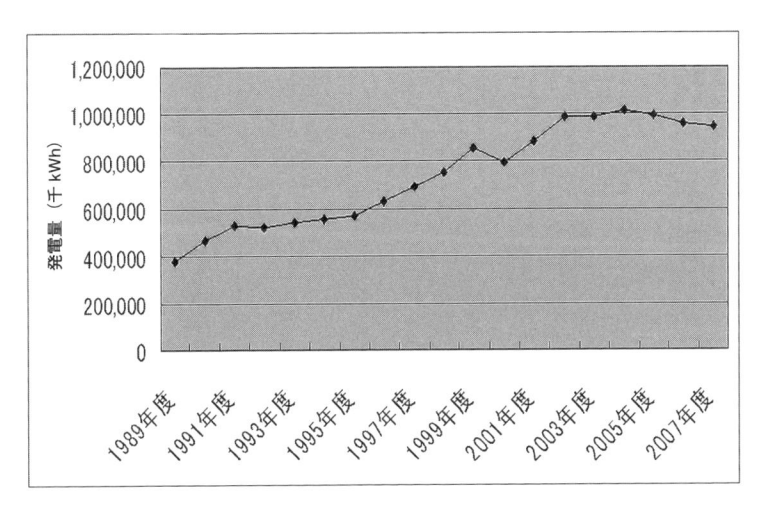

図4-3　今までの東京23区の発電量の推移

が一層増して、廃棄物発電の更なる高効率化が求められています。

清掃工場の整備計画と高効率発電に向けて

東京23区（一部事務組合）では、練馬清掃工場・杉並清掃工場・光が丘清掃工場・大田清掃工場・目黒清掃工場などの建替・更新を計画しています。東京都廃棄物審議会の答申では、「プラスチックごみは『焼却不適から埋立不適』への政策変換」の提案もあり、23区においては、従来不燃ごみとして処理していた廃プラスチックを可燃ごみとして焼却し、熱として有効活用するサーマルリサイクルが今後、本格的に実施されていきます。

発電効率の低い工場の更新、廃プラスチック焼却に伴うごみ発熱量の上昇により、今後、総発電量の増加が予想されます（図4-4）。

ごみからのエネルギー徹底回収を図るために、一部事務組合では、今後、更新工事にあわせて蒸気の高温・高圧化による高効率発電に積極的に取り組んでいく計画です。

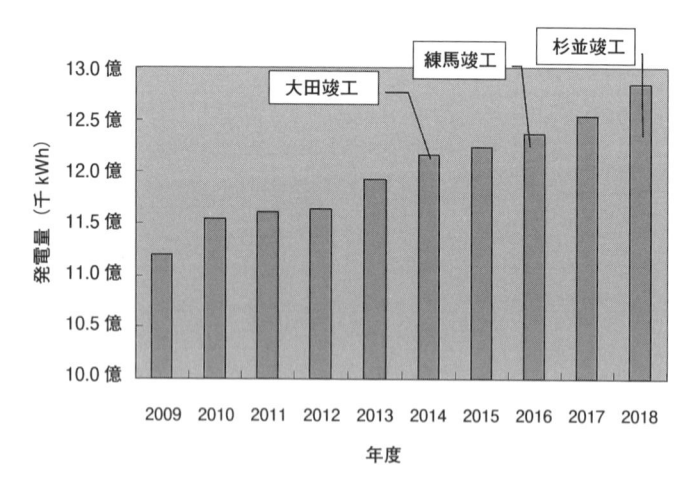

図4-4　これからの東京23区の発電量の推移予測

わが国の他の自治体も、今後高効率発電に向けた取り組みが進んでいくものと考えられ、そのためのより効率的な収集運搬システムや蒸気の高温・高圧化に関する研究が望まれます。

4-3　ごみ発電大幅アップへ　——大阪市の取り組み

　日本で初めてごみ発電が導入されたのは、1965年竣工の大阪市西淀清掃工場です。当時からこの分野のトップランナーであった大阪市のごみ発電は、どのように行われているのでしょうか？

大阪市におけるごみの発生量とごみの持つエネルギー

　大阪市は24の区で構成され、市で発生するごみの処理・処分は大阪市環境局が統括する11の環境事業センターが行っています。現在、大阪市民260万人の家庭や事業所などから排出されるごみは、2010年度データで年間約119万t、1日当たりにすると、約3,300tになります。このうち、焼却処理しているのは年間115万tで、9の清掃工場で焼却処理しています（「大阪市一般廃棄物処理基本計画〔改定計画〕」、大阪市、2013年3月）。

　ごみの平均低位発熱量は9.8MJ/kgで、ごみの持つエネルギー総量は1万4,835TJです。また、ごみ中に占める炭素分は24%であり、この炭素が完全燃焼すると仮定すれば大阪市のごみ焼却による年間炭酸ガス発生量は約133万tと計算されます。ごみ中のバイオマス比率が64%のため、カーボンニュートラル分を差し引いて大気中の炭酸ガス濃度増加に寄与するとカウントされる炭酸ガスは約48万tと計算されています。

大阪市のごみ発電の変遷と現状

　2007年現在大阪市内で稼働中の7つの焼却炉のうち、6つの焼却炉に発電機が設置されています。残りの1つの森乃宮工場（1968年竣工,

現在稼働している工場の中では最古）では、近隣施設に蒸気を供給しています。大阪市の可燃ごみ年間 155 万 t のうち、発電機付工場で焼却される量は 151 万 t、つまり大阪市のほとんどの可燃ごみは、発電によるエネルギー回収がなされているということになります。わが国の焼却炉のうち発電施設を有するのは 22%程度にとどまっていますから（環境省 2006 年度調査）、大阪市の発電への取り組みは相当進んでいるといえます。発電総出力は 2007 年度実績で 27 万 3,950kW（日本全体の総発電能力は 163 万 kW）となっていて、年間の発電総量は 5 億 9,000 万 kWh（日本全体の廃棄物発電の総発電量は約 88 億 kWh）です。これは大阪市内消費電力量の約 3 ％に相当し、1 世帯の年間消費電力量を 4,200kWh とすれば、14 万世帯分の電力消費量に当たります。そのうち清掃工場内で約 40%消費し、残りの約 3 億 3,000 万 kWh を売電しています。売電量は約 8 万世帯分の電力消費量に相当します。

　発電効率も港工場の 4.7%から、2001 年竣工の舞洲工場の 20.5%まで大きく開いています（図 4 - 5）。これは、2001 年以降建設された工場では、発電効率を向上させるために蒸気温度 400 度、蒸気圧 4 MPa で設計しているため、発電効率が上がっているのです。

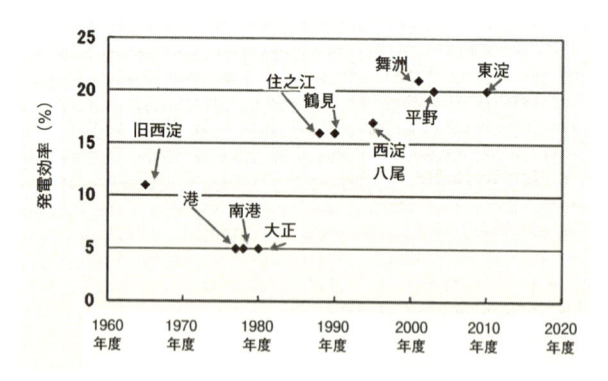

図 4-5　大阪市の清掃工場の竣工年と発電効率（％）の関係

清掃工場の整備計画と高効率発電に向けて

　高効率の発電を実現させるための要因は幾つかありますが、主なものはごみの焼却量、ごみのカロリー、そして発電効率です。現在はごみ処理の広域化が進んでいるため1炉当たりのごみの焼却量は増加傾向にあります。ごみのカロリーについては、紙やプラスチックが増加して大阪市のごみの低位発熱量は 2,300kcal/kg（9.8MJ/kg）と高い水準です。残りは発電効率ですが、発電効率に影響を与えるのはタービン入り口の蒸気の温度と蒸気圧、そして復水器出口の温度と圧力の落差です。この落差が大きければ大きいほど発電効率が高くなります。

　実は、1965 年に作られた西淀工場の発電効率は炉の規模が 200t/日×2と小さかったにもかかわらず操業当初は 20%を超えていました。蒸気温度を 350 度、蒸気圧 2.25MPa と高く取り、復水器には、現在多くの清掃工場が採用している空冷式ではなく水冷式を採用して低い温度まで冷却することで前述の圧力落差を大きく取ったからです。しかし、操業中に蒸気過熱器が腐食損傷する事故が多発したため、以降の工場では安定的な操業を重視して蒸気温度を 270 度以下に設定するようになったのです（図4−6）。

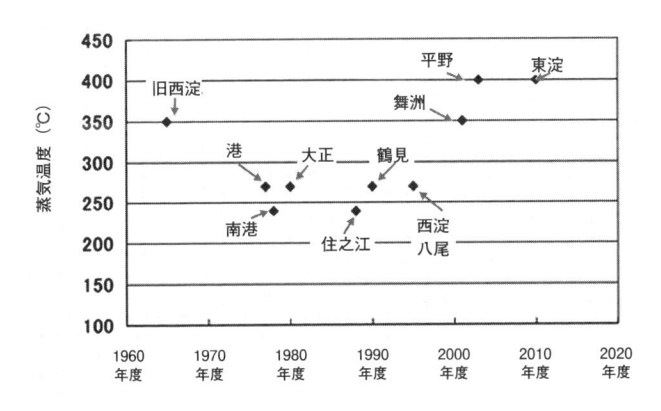

図 4-6　大阪市の清掃工場の竣工年と蒸気温度の関係

現在、わが国の新設の清掃工場では蒸気温度400度を採用しはじめており、炉の規模が大きくなっていることも相まって、発電効率が20%台前半になるものが多くなってきました。前述の大阪市舞洲工場は蒸気温度が400度、炉の規模が450t／日×2です。今後は、超広域処理による炉の規模の拡大、蒸気の高温・高圧化、そして復水器の水冷化等によって、更なる発電効率アップが望まれます。また、発電だけでなく、地域への熱供給も一緒に行うことでより効率的なごみのエネルギー回収を行い、低炭素社会形成の一翼を担う必要があるでしょう。

海外のごみ発電

4-4　アメリカのごみ発電

　海の向こう、アメリカのごみ発電について、ごみ処理業界の状況と政府の政策、そして実際にカリフォルニア州に行って取材調査してきた結果をご紹介します。

アメリカのごみ発電施設の能力

　アメリカではリサイクルに力を入れているとはいえ、最も安く処理できる埋立処分が廃棄物処理の中心です。しかしアメリカには 29 の州に102 カ所のごみ発電施設があり、総発電能力は 282 万 kW に上ります。日本のごみ発電施設は 286 施設とアメリカよりも多いのですが、その総発電能力は 163 万 kW に過ぎません。アメリカのごみ発電は日本よりも 70％ も多いのです。それではごみ発電支援策はどのようになっているのでしょうか。

発電効率の高いアメリカのごみ発電

　アメリカのごみ発電施設の 1 日当たりの処理能力は 1,100t と大きいのに比べ日本は 400t と小規模です。従って、ごみ 1 t 当たりの発電量は日米で、1：1.7 とアメリカの方が発電効率は高いのです。日本のごみ処理は衛生的な処理、安全な処理を目指し、発電は余熱の利用という位置づけに対して、アメリカは発電による収益の増大を図り、ごみは発電に用いる燃料として高発電効率の施設を整備してきました。

　アメリカごみ焼却発電業は寡占状態であり、トップ 3 社で 64％ の施設を民営（BOO）で運営し、ごみ発電されているごみ量の 86％ を焼却しています（表 4 − 1）。Wheelabrator 社（世界最大の廃棄物処理会社 Waste Management 社の関連会社、ヨーロッパのホンロール社の技術）

表4-1　アメリカのごみ発電業界の概況

市場勢力図					
ごみ焼却発電業は寡占状態。					
トップ3で全施設の**64%**を所有または運営しており，ごみ処理能力（設計容量）では**86%**を占める。					
	所有	運営	Total	発電総量 （MW）	ごみ処理能力 （t／日）
1.Covanta	18	13	31	1,208	41,500
2.Wheelabrator	9	8	17	686	22,100
3.Veolia / Montenay	2	7	9	243	8,300
その他	8	24	32	278	12,100
Total	**37**	**52**	**89**	**2,415**	**84,000**

出典：AmedeoVaccani, Vaccani, Zweig & Associates

が最も大きな焼却能力を所有している一方で、American Refuel 社を合併吸収した Covanta 社が、運営の面では業界トップです。今のところフランス系の Veolia/Montenay 社は、公設民営に特化しています。昔 BFI という会社は合併などで Allied Waste という会社になっていましたが、現在は Republic Waste Service という会社になっています。この会社もごみ発電事業を行っています。

　ごみ発電を運営する企業にとっての収入は、売電収入、ごみ処理収入、鉄・非鉄金属の売却収入です。次図（図4－7）に Wheelabrator 社のプラント運営の収入内訳を示します。発電・熱供給による収入が 50％を占めていることが分かります。ごみ1t 当たりごみ発電量は平均 630kWh です。日本の場合はほとんどがごみ処理の収入です。なぜアメリカでは発電・熱供給の収入割合がこんなに高いのでしょうか？

再生可能エネルギーとしての位置づけ

　アメリカには早くからごみ発電を促進する法律ができています。1978 年に制定された公益事業規制政策法（PURPA：Public Utility Regulatory Policies Act）では、ごみ発電した電力を電力会社が「回避された価格」で購入しなければならないことになっています。「回避さ

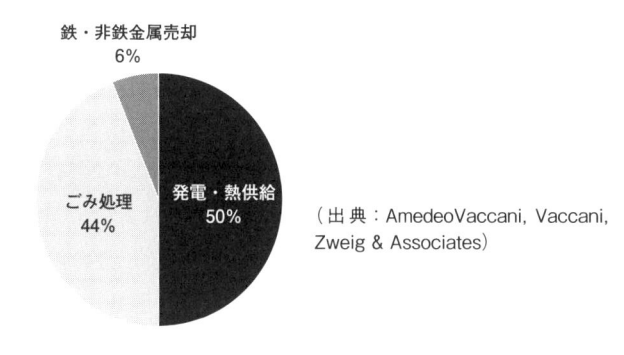

図4-7　アメリカ Wheelabrator 社のプラントの収入内訳

れた価格」とは、新たに発電所を建設して電気を作り出すコストです。しかし今では電力会社がある程度市場でエネルギーを調達できるようになったので、州政府は新電力事業者からの買取をそれほど推し進めなくなったとのことで、ごみ発電を推進したい立場の人から見れば、まだまだ支援策が物足らないようでした。州には公益事業委員会（PUC）があり、そこが電力の小売料金、電力買取価格の決定権を持っているほか、ごみ発電を再生可能エネルギーであるかどうかなどの決定もしています。

　ごみ発電を再生可能エネルギーとして決定しているのはカリフォルニア、ニューヨークなど24州です。そもそもごみ発電施設があるのが29州ですので、ほとんどの州はごみ発電を再生可能エネルギーとして位置づけていることが分かります。

訪問したスタニスラウス郡ごみ発電施設

　訪問した施設はカリフォルニア州の北部中央に位置しているスタニスラウス郡の南西部クロウ・ランディング市に位置している最終処分場の片隅を郡から借りて20年前の1989年から稼動している焼却施設です。処理能力は800t／日です。20年間で600万tのごみを処理したと自慢

げに工場長のヘーリィ氏（James P. Healey）は話してくれました。この焼却場はコバンタ・エネルギー社が所有し運転している施設です。家庭から出てくるごみのうち剪定枝、芝生などはコンポストにしています。缶やボトルは別々にリサイクルされます。また新聞や雑誌、ダンボール紙もリサイクルされます。解体ごみや粗大ごみは入ってきません。焼却能力 400t/ 日の炉が 2 つあります。郡全域から排出される廃棄物の一部を焼却しており、発電量は最大 22.5MW で 1 万 8,000 軒の電気を賄える量です。トータルの発電量は 177MkWh で、施設で 45MkWh を使っており、電力会社（Pacific Gas and Electric Company）への売電は年間 132MkWh です。これは実に発電量に対して 75％に相当します。

日本とアメリカの売電の違い

　日本とアメリカの違いは、アメリカでは発電量を最大にして施設内での電力の消費を最小限にしています。具体的には、日本ではアメリカにない次のような違いが見られます。

(1) 煙突から蒸気が見えないようにする、白煙防止をするとエネルギー消費が増える。

(2) 焼却残渣を溶融するのにエネルギーを消費する。

(3) 焼却施設からの排水を河川へ放流することが許されない無放流が要求されるために、排水を炉内に吹き込む方法で処理するためエネルギーが消費される。

(4) 塩化水素、硫黄酸化物、窒素酸化物などの排出基準が厳しいために、その制御のためにエネルギーを多く使う。

4-5 オランダ・アムステルダムのごみ発電

地球温暖化の克服のためにヨーロッパでは再生可能エネルギーの活用が推進されています。廃棄物からのエネルギー回収は身近なもので、その量は意外と多いのです。オランダのアムステルダム市ではそのエネルギーを高効率で回収するために超大規模なごみ発電施設（4,500t ／日）が稼働しており、30％という非常に高い発電効率を達成しています。また、そのプラントを運営する会社を株式会社化し、市の財政にプラスになるような運営をしており、その点も今後わが国にとって非常に参考になるやり方だと思います。このアムステルダム市のごみ焼却発電の歴史（図 4 − 8 ）と、現在の Waste & Energy Company（オランダ語での名称は AEB：Afval Energie Bedrijf）の事業の概要をご紹介します。

1st Incineration 1919-1969
AVI Noord 1969 - 1993
Waste to Energy plant 1993
Waste Fired Power Plant 2007 -

図 4-8　アムステルダム市のごみ焼却発電の歴史

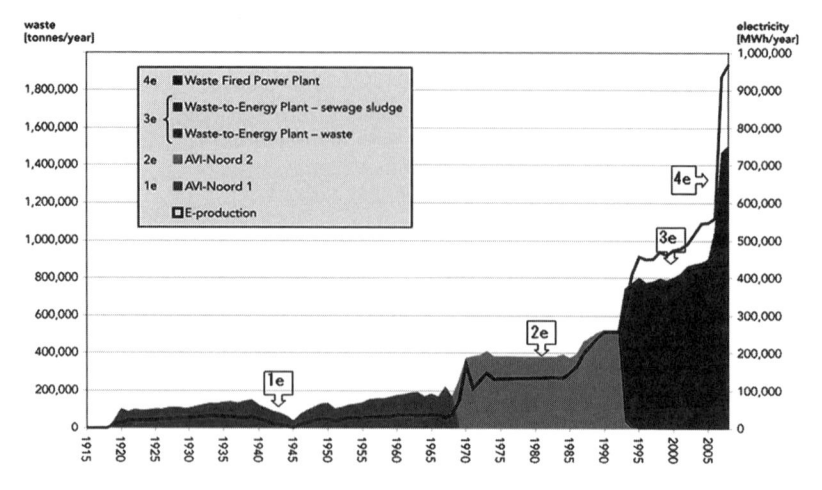

図 4-9　アムステルダム市におけるごみ焼却発電量の推移

（1918 年～ 2005 年）

アムステルダム市のごみ焼却発電の歴史

第 1 世代（1919-1969）

　1919 年、アムステルダム市に初めてごみ焼却炉ができました。それまでごみは湖などにオープンダンプされていたのですが自然保護論者の反対運動に押されて建設されたのです。当時から蒸気を発生させタービンに回して発電が行われていました。

第 2 世代　（1969-1993）

　その 50 年後、市の急激な人口増加、産業の発展、環境保全や労働環境への関心の高まりによって焼却を取り巻く環境は大きく変わり、第 1 世代の焼却炉では当時の環境基準や急激なごみの増加に対応できなくなりました。そこで 1969 年、新しい焼却炉が建設されました。規模は第 1 世代の 2 倍で、環境保全技術も強化されて電気集塵機が装備されました。

第 3 世代 （1993-2007）

1993 年、Waste & Energy Company の新たなごみエネルギー回収施設（The Waste-to-Energy plant）がアムステルダム市の西側の港湾地域に作られました。これまでの焼却炉と比較するとその規模、ダイオキシン類対策等の環境保全技術共に飛躍的に向上しており、日量 2,880t のごみと下水汚泥を焼却し、それによって年間 53 万 MWh の電力を発電しています。15 万 6,000 世帯の電力消費量をまかなえる規模です。

第 4 世代 （2007- ）

2007 年、第 3 世代の発電効率 22% を上回るべく、新たなごみ発電プラントが建設されました。新たに追加された規模は日量 1,620t で、蒸気を再加熱する新技術を導入することにより現在の発電効率は 30% 程になっています。私が同社を訪れた時も針が 28% を示していました。一般には、ごみ発電の効率は 15% 程度、日本の最高の発電効率は 22% です。従って、この 30% という発電効率は驚嘆に値する高い発電効率です。

Waste & Energy Company の事業概要

現在 Waste & Energy Company は第 3 世代と第 4 世代を合わせて 4,500t/ 日の世界最大級のごみ焼却炉を運転しています。その他にも有害廃棄物の処分、地域の資源分別センターおよび廃棄物集積所、そしてバイオガス施設等の運営管理も行っています。年間の売上は 2 億ユーロ、利益は 4,000 万ユーロ、100% 株主のアムステルダム市に投資の 20% にもなる額が支払われています。約 150 万 t のごみを処理し、年間約 100 万 MWh の電力を供給しています。そしてごみから発電することにより、二酸化炭素排出量を 100 万 t 回避していることになります。

焼却によって生じる主灰の利用も徹底しています。主灰のうち 12.5% は非鉄金属として回収、35% の砂状の灰は石灰ブロックの材料に、45% の顆粒状の灰はコンクリート骨材として使われています。そのため、

1,000kgのごみが入ってきたら、そのうち埋め立てられる分は25kgだけだそうです。

　Waste & Energy Companyの事業は環境に貢献しているということは市民にも認知されており、パブリック・アクセプタンスも向上しているとのことでした。高効率ごみ発電は、これからのごみ処理、そしてエネルギー供給のあり方としてわが国にも大変参考になります。

4-6　イギリス・ロンドンのごみ発電

日本の焼却技術で完成させたレイクサイドごみ発電施設

　日本のプラントメーカー、タクマが建設したごみ発電工場は年間処理量、発電量など性能を十分発揮してくれていると工場長が満足げに説明してくれました。イギリスの廃棄物処理企業2社による合弁会社からタクマが1.60億ポンド（約280億円）で受注して2010年1月にヒースロー空港の近くに建設竣工したもので、日量約1,400tの都市ごみを処理して3.7万kWの発電能力を持っています。

　平均発電効率が27.5％という高い効率で運転しています。ごみトン当たり648kWhの発電で、3.7万kWの発電能力に対して所内利用が3,500kW。発電の10％以下しか所内で使っていません。売電収入を最大限にした施設になっていることが分かります。近くで需要がないため、ここでは熱利用はされていません。焼却に伴って発生する焼却残渣の処理は、埋立てではなく資源化が行われています。鉄分は売却され、主灰や飛灰も無害化処理され有効利用されています。

埋立処分費より安価なごみ発電施設の建設ラッシュ

　民間の都市ごみ処理会社の工夫や運営に日本との違いが見られます。ここの施設には5つの自治体から都市ごみの焼却を引き受け、処理量の80％を確保しています。残りの20％は他の事業系廃棄物や自治体な

ど不特定の排出源から廃棄物を確保しています。処理規模に対してほ
ぼ100％の稼働率を達成しており、定期検査以降施設を止めずに運転を
継続中で、最終的に18カ月間施設を止めないで運転する予定とのこと
です。売電収入を大きくするために、約1,400t/日と規模が大きく発電
効率が高く所内利用の割合が少なく、発電した電力の90％以上を売電
に回せています。売電単価は8～9円/kWhでそれほど高くはありま
せんが、会社としての収入源は自治体などから受け取る処分費が全体の
80％、残りは売電収入です。

　イギリスでは埋立処分税がトン当たり80ポンド（注）、埋立経費が大
体25ポンドなので埋立処分すると105ポンド/tにもなります。一方、
本施設による処理費は100ポンド/t以下であることから、発電を伴う
焼却が埋立処分より経済的および環境的に有利になって、今やイギリス
はごみ発電施設の建設ラッシュに入ったといっても過言ではないでしょ
う。

> 注：イギリス1ポンドは178円（2014年10月10日時点）

レイクサイドごみ発電施設

消化層で下水汚泥からバイオガスが回収される

4-7　ドイツのごみ発電

　ドイツで視察した施設はデュッセルドルフからは東に 26km の場所に位置するブッパータールごみ処理施設です。古くからある施設で、ドイツの都市ごみを処理して、ごみ発電のみではなく熱供給も行っています。見学を通して、ドイツと日本のごみ処理施設の違いや今後の進むべき方向も見えてきましたのでご紹介します。

ドイツの公共ごみ処理施設の余熱利用

　ブッパータールごみ処理施設は昔からある施設で、1906 年にはごみ焼却の余熱を利用した温水プールを併設できるほどのごみ発電をしていました。今回訪問した施設は、1970 年代に建設されたそうですが、ボイラーの増設などで対応しながら昔からある施設を大切に使っています。この施設は自治体の出資により設立した第 3 セクターの廃棄物処理会社 AWG が発注して建設し運営しています。建設費は 6 億ユーロで、最近日本のプラントメーカーが買収した、シュタインミューラーというプラントメーカー社が納入した施設が稼動しています。市民 160 万人からごみを収集した年間 40 万 t のごみを処理しています。可燃ごみは 1 日 2,000t 搬入され、5 炉のうち 3 〜 4 炉を操業しているそうです。家庭から排出される都市ごみを焼却処理して発電したり、240 万人に熱を供給しています。

売電、熱供給などで 600 万ユーロの利益を上げる清掃工場

　ドイツの特徴は合理的な処理方法と運営だと思います。焼却灰の扱いですが、主灰は金属などを取り除いた後、建材の代替品として使っています。飛灰は、有害重金属などが心配されるので岩塩廃坑で最終処分されています。その処分費用は 120 ユーロ /t で済んでいます。また、売電・売熱事業も盛んです。ブッパータールでは、発電能力は 4 万 kW で約 4.9

円/kWhで売電しており、年間売電量1億2,000万kWhを超えています。売電だけで年間約6億円を売り上げている計算になります。受入廃棄物の処理費の平均は120ユーロ/tで、40万tの処理で4,800万ユーロ／年の収入があります（注）。熱供給や売電の収入もあるので、売上収入は年間9,000万ユーロ、利益は600万ユーロにもなります。これも、日本の処理施設との大きな違いと言えるでしょう。ただ課題は、2005年から埋立処分が規制され、ごみ処理費が200ユーロ/tにもなり、多くの焼却施設が建設されてごみ焼却施設が過剰にあるため処理コストが下落しており、処理費が高い廃棄物を確保するのが難しくなったそうです。都市ごみ処理施設でも処理能力にゆとりがある施設では、他の自治体の廃棄物とか産業廃棄物などを確保し施設を有効に利用する努力をしています。一度作った処理施設を最大限活用して収益を上げるのは民間の施設でも自治体が関与した施設でも同じだといえます。

注：ドイツなどEUで使われる1ユーロは130円（2015年1月25日現在）

出荷される再生品と背後に見える木質発電施設

焼却施設から排出される主灰は再利用される

4-8 フランス・パリのごみ発電

　フランスのパリで運営されている2つのごみ処理施設を見学しました。1つめはセーヌ川の側に建設されたイッシー・レ・ムリノーごみ焼却施設です。自治体によって運営されているため、運転維持費は住民税によってまかなわれています。この施設では住民の要望に応えてさまざまな工夫を凝らして嫌われない施設にしています。2つめは、パリの南東に位置するバレンヌ・ジャーシー・MBT（破砕、選別、発酵などによりリサイクルを行う）施設です。ここではバイオガス発電だけではなく、コンポストを作っており、使っている農家の方々に喜ばれています。住民に歓迎されるごみ処理施設の話を聞いてきました。

住民との対話を大切にするごみ焼却施設

　シクトム（SYCTOM）というのは地方分権化に伴って1984年にパリ地域内のごみを処理するために作った広域行政管理組合です。このシクトムが発注して建設したイッシー・レ・ムリノーごみ焼却施設では組合構成84自治体の住民570万人から出る230万tのごみ（2013年）を焼却処理しています。視察した施設は、日立造船が買収・設立した日立造船イノヴァが6億ユーロ（780億円）の建設費で建設し、2007年に運転開始しました。規模は1,464t/日（2炉で構成）で22自治体からのごみを年間46万t処理しています。

　建屋の高さは21mで建物の天井から5mだけ煙突が出ており、建物全体の3分の2が地下になっているために建設費は3割以上高くなっています。煙突が見えないように建物全体を低層建築にし、白煙防止など、ごみ処理施設として目立たないように配慮しています。住民との対話を大切にして、計画から施設の運用まで10年間かけました。施設の運用が始まってからは、周辺住民に情報をできるだけ公開し、年に1回は焼却工場の開放日を設けており、開放日には1,000人程の来場者があるそ

うです。

ごみ焼却施設からの主灰は利用され、排水は無放流

　フランスは原子力発電が主要な電源で、売電単価は低く抑えられています。ごみ処理費は1t当たり約105ユーロ（1万3,650円）です。運転維持費の4割は電力および熱の売却収入で、残りの6割は住民税でまかなっています。焼却灰はヨーロッパでは一般的には有効利用されていて、フランスでも主灰は3カ月間のエイジング処理をした後、路盤材として使われ、飛灰は埋立処分されています。灰溶融は費用の面から採用されていません。焼却によるエネルギー回収は電力が3割、熱利用が7割になっていて発電の80％は施設内の空調、電気集塵機に使われています。焼却施設からの排水は炉内に噴霧してセーヌ川に放流されることはありません。主灰、飛灰、回収した鉄類、プラスチックボトル、紙類などはセーヌ川を使って船で排出されています。

生ごみのリサイクル施設（MBT）を見学

　パリの南東バレンヌ・ジャーシー村にあるバレンヌ・ジャーシー・MBT施設ではフランスにおける生ごみからのバイオマスガス発電やコンポスト化施設について、施設を所有するSIVOM（15自治体で構成される広域行政管理組合）に行き、話を聞きました。SIVOMは15自治体からのごみを収集し、処理施設を建設して管理していますが、施設の運転維持管理は別の民間会社に委託しています。

　この組合は15の自治体からそれぞれ2人ずつ選出された計30名の理事会のメンバーで運営されています。対象の自治体はパリの南郊外に接する位置まで広がっており、対象人口は17万3,000人でそれぞれの自治体の人口は2,000人から3万人といった人口規模です。

　施設建設費は40％が国の補助金で、運営財源は住民の税金です。今年の予算は2,000万ユーロ（約26億円）、下請けで施設運転管理をする

予算は 700 万ユーロ（約 9 億円）です。

　この施設での収入は、ガス発電で 1 日当たり 4,320 ユーロ、生産した
コンポストの販売で年間 10 万ユーロです。発電量は 7 万 2,000kWh で、
そのうち半分を売電単価 0.12 ユーロ（1 kWh あたり 15.6 円）で売電し
ています。この施設には年間 5 万 5,000t の植物性廃棄物が搬入され、コ
ンポストの生産量は年間 2 万 t です。処理施設の能力は年間 10 万 t あり、
まだまだ受け入れに余裕があります。

　フランスの家庭ごみは (1) ガラス、(2) 容器包装、(3) 植物性廃棄物（芝、
枯葉、剪定枝葉）、（4）その他──に分別排出されています。この施設
に搬入されるのは植物性廃棄物とその他となっており、全体の 3 分の 1
が植物性廃棄物、 3 分の 2 がその他ごみです。

　破砕したごみから鉄類とガラス類を除去しています。植物性廃棄物に
ついては蒸気により熱と水分を加えて発酵条件を整え、発酵槽内での嫌
気性発酵に伴い、バイオガス、主にメタンガスを発生させて、ガス発電
設備で発電しています。発生したメタンガスの一部は発酵槽へ高圧噴霧
で戻し、内部撹拌に使われ、温度は摂氏 37 度に 30 日間保たれて、本施
設で EU 基準に合致した堆肥が作られ農家に喜ばれて使われています。

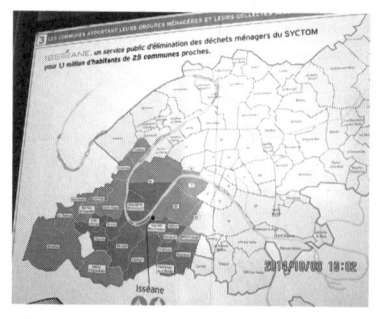

ごみはパリの南西部 22 自治体から収集搬入される

煙突が見えない半地下式ごみ焼却施設

第5章 世界のごみ利活用

日本のごみ利活用

5-1 塩ビ壁紙のリサイクル

アジアの廃棄物は日本に比べてまだまだ排出量は少ないが、急速に増加しています。その処理はといえば都市によっても違いがありますが、1人当たりの GDP の低い開発途上国ではオープンダンピング、場所によっては処分場で野焼きが行われています。処理コストも低いので焼却などの高度な技術は使われていません。ここでは日本の塩ビ壁紙のリサイクル技術の開発状況を紹介しましょう。

家庭から排出されたプラスチックの処理は？

石油からできたプラスチックがごみになったらどのように処理したら良いのでしょうか。家庭から排出されたごみは分別回収し、素材としてリサイクルすべきか、それとも他のごみと混合して収集し焼却すべきか。都内23区ではその比率はほぼ半々です。他の自治体でも、素材としてリサイクルするために分別排出を市民に指導しているところと、可燃ごみとして収集し焼却炉で燃焼してエネルギー回収しているところがあります。焼却効率を高めて少しでも発電を増やし低炭素社会に合った処理施設として整備する場合には国も補助金を多くする政策を展開しています。

東京のプラスチックごみへの対応

私が関わっていた東京都廃棄物審議会では2004年5月の答申で、それまで廃プラスチックは「不燃ごみ（焼却不適）」として扱われていたものを「埋立不適物」として扱うように答申しました。物質回収に適するものは分別回収を徹底し、熱回収に回すものは可燃物として扱うよう

に今後の取り組み方針を示しました。その結果プラスチックは原則埋立処分は禁止となり、プラスチックの種類によって物質として有効利用をするか、エネルギー回収をするようになってきました。きれいなペットボトルやトレイは別として「その他プラスチック」を物質回収するか、エネルギー回収するかの答えは自治体により必ずしも同じではありません。ごみの中で物質回収すべきものは、ガラス類、金属類です。議論があるのは廃プラスチックなのです。きれいなプラスチックであるペット容器、トレイなどは物質回収しているところが多いのですが、その他の色々なものが付着していると考えられるプラスチック製容器類の物質回収は、洗ったり乾燥したりする手間も大変だし、またそれらを分別収集するコストが大変高いのと資源保全への効果が疑問視されています。

町工場で開発した塩ビ壁紙のリサイクル技術

これからは廃プラスチックの埋立処分ができなくなるでしょう。廃プラスチックからの熱回収が主流になると思われますが、塩ビだけは塩素が入っているため、ダイオキシン類や塩化水素の発生源になるので焼却は望ましくないと言えます。そこで塩ビの物質回収型のリサイクル技術の開発がなされました。今回その技術を開発した網本吉之助さん（アールインバーサテック社長）に案内してもらって壁紙に含まれている塩ビを回収している施設を見学しました。壁紙は年間 21 万 t 生産され、そのうち 90％は塩ビ壁紙です。塩ビ壁紙の 75 ～ 80％は塩ビで年間 10 万 t 廃棄物として排出されています。

今回は壁紙を叩いて粉体にして繊維と塩ビとを引き離す前工程（栄鉄鋼商事、八潮市）と前工程でできた粉体を塩ビとパルプの比重差を利用して風力選別している後工程（リサイクルセンター、さいたま市）を見学しました。網本さんたちは、壁紙から塩ビを分離回収するために、壁紙の表面の塩ビを小さな粒子に細分化し、塩ビ樹脂とパルプを分離し回収する技術を開発したのです。具体的には、引きちぎったり、叩いたり

して細かくし、風力を使って選別して塩ビ粉とパルプファイバーに分離します。厚さが0.3mm〜0.4mmと極めて薄い壁紙からの塩ビの回収を可能にしたのです。これこそ日本が誇る町工場の秘めたる技術と言えるでしょう。この技術開発で網本さんは2007年度に環境大臣賞を受賞しました。

持続的に発生される貴重な資源、廃棄物

　リサイクルは資源の保全、特に化石資源の保全につながらなければなりません。焼却施設がない開発途上国では、埋め立てるか物質回収しかないのです。しかし廃プラスチックの再生工場がないところでは、処分場ではプラスチックが山のように積みあがって厄介物になっています。先進国ではどうでしょうか。アメリカではほとんど埋立処分に依存していますが、メタンガスによる地球温暖化の問題から廃棄物の埋立処分を中止すべきだという議論があります。またヨーロッパ（ＥＵ）では、全エネルギー消費に占める再生可能なエネルギーの比率を高める必要から、再生可能エネルギーと見なされる廃棄物が注目されています。今日排出された廃棄物を物質またはエネルギー資源として活用しても明日も同じように廃棄物は排出されます。従って、このような廃棄物を資源として活用し、化石資源の消費量を減らすことになれば、低炭素社会実現に貢献していると言えるでしょう。

リサイクルブレーカーに挿入される塩ビ壁紙

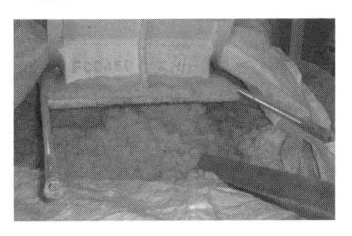

繊維と塩ビを引き離す前工程で出来た粉体

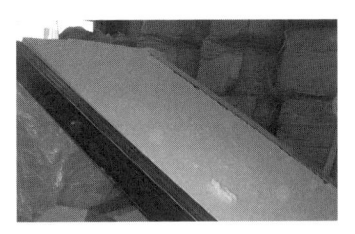

後工程で分離されたパルプファイバー

5-2　バイオマス利活用の意義

　バイオマスとは、生物資源（bio）の量（mass）を表す概念で、一般的には「再生可能な、生物由来の有機性資源で化石資源を除いたもの」をバイオマスと呼びます。バイオマスの種類には、①廃棄物系バイオマス、②未利用バイオマス、そして③資源作物（エネルギーや製品の製造を目的に栽培される植物）があります。廃棄物系バイオマスは、廃棄される紙、家畜排せつ物、食品廃棄物、建設発生木材、製材工場残材、下水汚泥等が挙げられ、未利用バイオマスとしては、稲わら・麦わら・もみ殻等が、資源作物としては、さとうきびやトウモロコシなどが挙げられます。

バイオマス利活用

　バイオマスから得られるエネルギーのことをバイオエネルギー、またはバイオマスエネルギーとも言います。バイオマスを燃焼することなどにより放出されるCO_2は、生物の成長過程で光合成により大気中から吸収したCO_2であり、化石資源由来のエネルギーや製品をバイオマスで代替することにより、地球温暖化を引き起こす温室効果ガスの一つであるCO_2の排出削減に大きく貢献することができます。従って、京都議定書のCO_2削減目標をわが国が達成するためには、大幅なバイオマスの利活用が必要であるとされています。

　このように、世界では温暖化問題・廃棄物問題の両面からバイオマス利活用の推進に取り組んでいます。

わが国のバイオマス利活用の状況

　わが国における個別のバイオマスの利活用状況についてみてみましょう。

　家畜排せつ物については、年間発生量約8,900万tのうち、約90％が堆肥などの肥料として利用されています。食品廃棄物については、約

2,200万tが発生していると推計されていますが、再生利用されているものは約20％で、残りの約80％は焼却・埋立処分されているものと推計されています。

　下水汚泥については、年間発生量7,500万tのうち、約36％が埋立て、残り約64％が建設資材や堆肥として利用されており、再生利用されている割合は着実に増加しています。

　木質系廃材・未利用材については、製材工場等残材（年間発生量約500万t）はほぼエネルギーや肥料として再生利用されていますが、間伐材・被害木を含む林地残材（年間発生量約370万t）については、わずかに紙製品等の原材料として利用がある程度で、ほとんど利用されていません。建設発生木材（年間発生量約460万t）の利用割合は60％ぐらいで、製紙原料、ボード原料、家畜敷料等やエネルギー（主に直接燃焼）に利用されています。

　稲わら、もみ殻等の農作物非食用部については、年間発生量約1,300万tのうち、約30％が堆肥、飼料、家畜敷料等として利用されていますが、発生する稲わらのうち約70％が農地にすき込まれているにすぎないなど、大半が低利用にとどまっています。

　日本での資源作物の利活用は現時点ではほとんど認められませんが、菜の花を栽培して食用油として利用した後、収集し、バイオディーゼル燃料の原料として利活用する取り組みを進めている地域があるほか、さとうきびなどを原料にバイオエタノールを製造して自動車用の燃料に利活用する実証試験が行われています。

　このように廃棄物系バイオマスは種類によっては、その利活用は進んでいますが、更に利活用を進める努力がされています。

麦わらや木材を徹底活用するノウハウを

　バイオマスの利活用技術は、エネルギーとしての利活用と製品としての利活用の2つに大別され、主な技術の現状は以下の通りです。

(1) エネルギー利活用

　木くず焚きボイラーやペレットストーブ等による直接燃焼、炭化などは従来から広く利用されてきている技術です。更に、家畜排せつ物等を原料としてメタンガスを生成するメタン発酵技術や食品廃棄物である廃食用油からバイオディーゼル燃料（BDF）を作り出すエステル化等の技術は、各地において利用が進められ、注目されています。

(2) 製品利活用

　廃棄物系バイオマスの堆肥化や畜産・養魚用の飼料化等はすでに実用化されている技術ですが、利用者から見た品質の安定や利便性の向上が大きな課題になっており、各種の技術開発が行われています。

　木質系廃材・未利用材については、量的に多いことから以前よりさまざまな技術開発が行われており、木質系廃材を粉砕してから再構成する再生木質ボードや木材－プラスチック複合素材はすでに広く利用されています。

　このように廃棄物として焼却、埋立処分していた廃棄物や、未利用でそのまま放置されていた麦わらや木材などを徹底的に活用するための技術やノウハウが求められているといえましょう。

5-3　低炭素社会への後押し「バイオマス活用推進基本法」が成立

　今、再生可能エネルギーとして、バイオマスが注目されています。バイオマス活用としてごみ発電もその一つですが、まだ利用されていないバイオマスの利活用を促進するために「バイオマス活用推進基本法」が成立しました。この法律の目的やバイオマスの利用はどのようになっているのでしょうか。

再生可能エネルギーの確保のためのバイオマス活用推進基本法

　世界の再生可能エネルギー確保策が過熱化しています。太陽光、風力、

地熱、それに多くの期待がかけられているのがバイオマスです。太陽光を使って成長した植物、それを食物として育った動物に由来した資源がバイオマスです。

　具体的には、廃食品油や生ごみ等家庭から出る廃棄物や家畜排せつ物、廃木材など産業廃棄物もあり、これらを廃棄物系バイオマスと言います。また未利用バイオマスとして林地残材、麦わら、稲わらなどがあります。またサトウキビやトウモロコシなどの資源作物もあります。これらを燃料として、あるいはこれらを使ってできたバイオ燃料の開発に世界は血眼になっているのです。

　日本の国会でも議員立法「バイオマス活用推進基本法」が2009年6月5日、参議院本会議において与野党全会一致で可決成立しました。この法律では、バイオマス活用の基本理念を定め、政府として「バイオマス活用推進基本計画」を策定するとともに、バイオマス利活用の実現に向けて「バイオマス活用推進会議」や「バイオマス活用推進専門家会議」を設置し、バイオマスの利活用の加速化を図ろうとするものです。

バイオマス利活用推進の現状

　それではバイオマスの利活用の取り組みはどうなっているのでしょうか。2006年3月の「バイオマス・ニッポン総合戦略」の改訂以降、（1）バイオ燃料の利用促進（2）バイオマスタウン構想の加速化（3）アジア等海外との連携の3つの柱を中心にバイオマス・ニッポン総合戦略の推進を図ってきました。バイオ燃料の利用促進では、2011年における国産バイオ燃料の生産目標である年間5万kℓの達成に向けて、バイオエタノールやBDFなどの地域利用モデル実証事業や農林漁業バイオ燃料法の制定などが行われました。

　現在、バイオマスタウンは318地区（2011年4月末）まで増えています。そして、タイ、マレーシアを中心としたアジア諸国のバイオマス利活用に関わっている研究者や行政担当者とわが国の産学官関係者による「バ

イオスアジアワークショップ」を開催して、アジアなどの海外との連携を進めています。

更なるバイオマス利活用推進のために

農林水産省では、「地域バイオマス総合対策推進事業」として地域における林地残材や家畜のふん尿などのバイオマスの量や利活用の実態を調べ、利活用が進んでいない原因を見つけ、関係者と協議をして解決していく取り組みを進めています。家畜ふん尿や生ごみなどの廃棄物系のバイオマスは堆肥にしたり燃料として使われています。しかし、林地残材や稲わらなどの未利用系のバイオマスの利活用は、ごく一部のバイオマスタウンなどで活用されているのみです。

再生可能エネルギーとして注目される木質系バイオマス

一般的にバイオマスの利活用が進まない理由として、バイオマスは広く薄く存在しているのでそれらを効率よく集めるための工夫がいるのです。木質系のバイオマスは、そのまま燃焼して発電し再生可能エネルギーとして活用する道がある一方で、バイオエタノールなどバイオ燃料として生産する場合のコスト面、スケールメリットなど、克服する課題があるからです。国内でのバイオマス利活用の限界を知った上で、アジアでの展開も視野に入れた取り組みが求められています。

5-4 低炭素社会実現の切り札 ——バイオマス利活用

低炭素社会の実現にバイオマスの利活用が注目されています。そもそもバイオマスの利活用は何のために必要なのでしょうか。またバイオマスの利活用の阻害要因は何であり、その解決策はあるのでしょうか。

地球温暖化ガスは3大環境危機のバロメータ

　地球環境の危機は、地球温暖化の危機、資源浪費の危機、生態系の危機があり、低炭素社会、循環型社会、自然共生社会を築くことが求められています。資源を消費すれば色々な廃棄物が排出されます。ガス状の廃棄物は大気環境を汚染し、液状の廃棄物は水環境を破壊し生態系を壊します。地球温暖化ガスは、主として石油など化石燃料を焼却するときに発生します。低炭素社会の実現のために炭酸ガスの排出抑制をするということは、枯渇が心配される化石資源の保全になり、環境汚染物質の排出が少なくなり生態系の保全にもつながるのです。すなわち炭酸ガスの排出抑制は、化石資源保全にも生態系の保全にも有効なのです。従って地球温暖化ガスは温暖化のバロメータのみならず、3大環境危機のバロメータともいえるのです。そのような意味で、温暖化ガスの削減が重要であると理解できます。

温暖化ガスの削減に有効

　温暖化ガス、その主な CO_2 の排出は主として化石資源の燃焼によるものです。CO_2 を削減するためには、まず資源生産性を高め、エネルギー効率を向上し、資源の使用を限りなく削減することです。そして、CO_2 を発生する化石資源の代わりに、CO_2 の排出につながらない再生可能エネルギーを使うことです。たとえば太陽光、風力、水力、それにバイオマス等があります。日本は温暖化ガスの削減を1990年に比べて、2020年までに25%削減、2050年までには80%を削減することを目標にしています。そのような目標を達成するには原子力発電に頼るしかないと常識的には思われます。これからアメリカや中国等では原子力発電所の建設ラッシュになります。CO_2 の削減には原子力発電は効果がありますが、それに必要なウランなどは枯渇性エネルギー資源です。従って、今は安易に原子力に頼るのではなく、できるだけ再生可能エネルギー、その中でも安定的に確保できるバイオマスの利活用を増やしていく努力が続け

られています。バイオマスは成長の時に吸収した炭酸ガスを燃焼の時に排出するので、バイオマスの燃焼によって排出する炭酸ガスは無視してよいことになっています。

バイオマス利活用の現状

バイオマスとは生物資源のことです。バイオマスには廃棄物系バイオマス、未利用バイオマス、資源作物があります。バイオマスの中でも量的にも大量にあることから、廃棄物系のバイオマスが注目されています。廃棄物系バイオマスには家畜排せつ物（約年間 9,000 万 t の発生）、食品廃棄物（2,200 万 t）、製材工場等残材、建設発生木材、下水汚泥、紙くず、生ごみなどがあります。未利用バイオマスには稲わら、麦わら、林地残材など、資源作物としては、菜種、サトウキビ、トウモロコシなどがあります。利活用が進んでいないのが、林地残材、食品廃棄物等です。西日本では、生ごみの一部である、廃食用油を回収して BDF を製造して、ごみ車の燃料にして使う例が多く見られます。他には林地残材をペレットやチップとかにしてボイラー燃料として使う例が多く見られます。

バイオマス利活用の促進のために

広く薄く存在するバイオマスの収集コストをいかに下げるかが工夫のしどころです。各家庭から排出される廃食用油を岡山市の場合は資源ごみと一緒に回収しているので、廃食用油の回収のための費用はそれほどかからないとのことです。バイオマスの利活用はバイオマスを集めたり提供したりする側、それを有価物に加工する人、それを使ってくれる人との理解と協力で成功することが分かりました。このようにして、バイオマスの利活用を増やす計画を推進するバイオマスタウンは 318（2011年 4 月末現在）にもなりました。

水分調整、発酵促進剤として堆肥づくりに
必要な剪定枝

食品廃棄物や水分調整剤の剪定枝等を入れて発
酵促進を行う一次発酵槽

松山のバイオマス利活用の成功事例

　バイオマスの利活用があまり進んでいない食品廃棄物の利活用の成功
事例を見学しました。産業廃棄物の収集・運搬・処理などを手がけるロ
イヤル・アイゼン（松山市）が運営している食品廃棄物をたい肥にして
いる事業です。技術開発室の今井健三室長に案内をしていただきました。

　研究に研究を重ねて食品廃棄物を堆肥にして、地元の農家に無償に近
い価格で提供し、その農家で生産された農産物は㈱フジで販売する仕組
みを築いているのです。

　今回見学したときには、たくさんのミカンの皮など搾りかすが受け入
れられていました。愛媛県はミカンの生産で有名で、その一部はジュー
スの生産に使われます。その後に残ったミカンの搾りかすの処理に困っ
ていましたが、それを有効利用して農家に喜んで使ってもらえる堆肥に
しているのです。地元の農林水産研究所の支援も受けながら、堆肥の品
質の向上に努めて成功しているのです。破砕された剪定枝などを破砕し
て水分調整と発酵促進剤として使っていました。

　このように、食品廃棄物を堆肥にするリサイクル業者、できた堆肥を
使う農家、そこでできた玉ねぎなどの農作物を販売する流通業者の３社
で「風早有機の里づくり協議会」を作って、地域循環型リサイクルを進
め、減肥・減農薬、食の安全・安心、地産地消を目指しています。堆肥

生産には良質の堆肥の安定生産、臭気対策が課題であり、流通業者には環境対策費の削減が課題だそうです。バイオマスの利活用は、関係する主体が社会のためにという視点から協力する互恵精神で成功させているようです。もちろん低炭素社会のためのバイオマス利活用が高く評価され、できた農作物が化石資源の消費の削減、炭酸ガスの排出削減に貢献することによる付加価値を生み出す工夫も必要です。また農地に過剰な堆肥の投入にならないように、持続可能なバイオマスの利活用を図る配慮も重要と言えます。

5-5　ごみを製紙企業の燃料に　——北海道白老町の挑戦

白老町のごみ処理の実態

　「水熱分解反応を用いたごみ固形燃料化技術」という珍しい技術を実際に導入している北海道白老（しらおい）郡白老町の「白老町バイオマス燃料化施設」を視察したのでご紹介しましょう。ところで、白老町のごみ処理はどうなっているのでしょうか。この燃料化施設を導入する前の 2008 年度までの状況をお伝えします。白老町のごみ処理は、資源物の処理は町内の白老町環境衛生センターで行われていたものの、それ以外の一般廃棄物は、隣町の登別市の焼却施設で処理していました。そして、登別市で焼却処理された後の焼却灰や残渣等の最終処分は、白老町環境衛生センターの最終処分場で埋立処分がされていました。

　隣町に依存していることもあり、ごみの運搬コスト等処理経費は年々増加し年間 4 億円を超え、ごみ 1 t 当たり 4 万 8,000 円にもなり財政的に大変厳しい状況でした。また、町内の最終処分場は、2012 年度には満杯となり、今後、新たな最終処分場の建設が必要とされていました。

　一方、地元企業の日本製紙白老工場は、地球温暖化の原因となる温室効果ガスの排出量削減と収益の安定化を目指し、既存の重油ボイラーをバイオマス燃料（木くずやごみ燃料など）とする新エネルギーボイラー

に切り替え、積極的に化石燃料依存から脱却を目指しており、バイオマス燃料を必要としていました。

新技術を使ったバイオ燃料化施設

　白老町の「白老町バイオマス燃料化施設」（愛称 eco リサイクルセンターしらおい）は、私が廃棄物処理技術検証に関わった「水熱分解反応を用いたごみ固形燃料化技術」を導入して整備し、2009 年 4 月より本格稼動しています。燃料化施設の総事業費は 14 億円で、半分は地域バイオマス利活用交付金を充て、残る半分は地方債で整備しています。

　それまで隣町に依存していた一般廃棄物を 235 度（最大）、30 気圧（同）の高温高圧状態で加熱蒸気を使い分解処理し、炭になる手前のペレット状にして固形燃料化します。これを日本製紙白老工場のボイラー用燃料として販売する仕組みです。固形燃料の水分は 10 ％以下、塩素濃度は 0.3 ％以下など、日本製紙側が定める厳しい受け入れ基準をクリアするため、2009 年度には洗浄設備、脱水設備、乾燥設備、脱臭設備などの改善工事を地域グリーン・ニューディール基金約 1 億 9,000 万円を使って行い、現在は固形燃料の安定生産が行われています。

売るのに困らないバイオマス燃料

　日本製紙株式会社白老工場の新エネルギーボイラーの使用燃料比率は、年間使用量 20 万 t のうち、石炭が約 7 割、バイオマス燃料が約 3 割、バイオマス燃料のうち一部に固形燃料を使用しており、固形燃料の使用燃料比率は全体の 4 〜 5 ％に過ぎません。日本製紙白老工場は、固形燃料の製造・供給をもっと増やして欲しいと熱望しています。

　この固形燃料化技術を取り入れた事業の効果としては、①製造した固形燃料がカーボンニュートラル燃料として位置付けられることから二酸化炭素の削減、②一般廃棄物のうち可燃ごみを全て燃料に加工し 90 ％以上というリサイクル率を達成することにより、隣町に処理を依存して

燃料化施設に搬入される可燃ごみ 　　　　窓越しに見た燃料化施設

いたごみ処理経費の削減、③「ごみを燃やして埋める」から「ごみを加工して販売する」ことにより一般廃棄物最終処分場の残余年数が3倍程度延長可能となったことなどが挙げられます。

　「廃棄物処理技術検証委員会」で検証した「水熱分解反応を用いたごみ固形燃料化技術」を実際に導入している「ecoリサイクルセンターしらおい」について説明してくれた白老町役場の湯浅昌晃さんは、「順調に稼動しており、満足している」と話していました。

5-6　生ごみからメタンガス回収

　日本環境衛生施設工業会では新処理技術研究会として、毎年廃棄物処理でユニークな取り組みや施設を視察しています。九州福岡県大木町の「おおき循環センター」を訪問しました。人口は1万5,000人にも満たない小さな町ですが、「もったいない」宣言をしている町です。ごみは「分ければ資源」ということで25種類にも分別して徹底的に資源として活用しています。ごみを地域資源に、食やエネルギーをできるだけ地域で自給すること、地産地消・省エネ創エネを目指した循環の街づくりをしています。ユニークな町として国内からのみならず、海外からも見学者が多く、年間約4,000人も訪れます。見学料500円を徴収していますが、お土産として地産の漬物やコースターを貰いました。循環の街づくりの

ノウハウも教えてもらいました。

生ごみ、浄化槽汚泥からバイオガス発電

大木町は、国のバイオマスタウンに認定されており、生ごみやし尿、浄化槽汚泥などバイオマスをエネルギーや有機肥料にしています。各家庭から集められた生ごみやし尿、浄化槽汚泥は、おおき循環センター「くるるん」に集められます。「くるるん」には1日当たり生ごみは約3.5t、浄化槽汚泥は30t、し尿は7tが運び込まれます。集められた生ごみ類は、メタン発酵設備でメタン菌の働きによってバイオガス（メタン）を発生させガスホルダーと呼ばれるタンクに送られ、ここから施設内に設置された発電能力25kWの2台の発電機に供給されます。この発電機で発電された電力は「くるるん」で使う電力の70%を賄っています。

またメタン発酵設備では生ごみが分解されて液体の副産物が生成されます。この液体は年間6,000tも発生し、液肥（くるっ肥）として町内の農家へ無償提供されています。この液肥は普通肥料として認可され、必要な農家には低価格で散布のサービスもしてもらえます。

可燃ごみの減量

大木町では1973年以来、燃やすごみの収集を行ってきました。町内にごみの焼却施設はなく、隣町にあるごみ焼却施設に委託して焼却処分して貰っています。年々ごみの収集量は増え続け、2000年には2,000tの家庭ごみの収集を行っていました。その一方で、ごみの焼却処理や増え続ける委託費用に疑問を感じ、生ごみを肥料にする資源化を模索し、1996年にリサイクルセンターの設置、2000年には新エネルギービジョンの策定、2001年〜2003年にかけてバイオガスシステムの共同研究開発を行いました。その結果、市民意識が高まり、2006年から生ごみの分別回収がスタートしました。これに伴い2005年に2,300tとあった可燃ごみの収集量が2006年には1,880t、2011年には1,100tまで半分以下

にまで減少しました。では、町民はどのようにごみの分別を行っているのでしょうか。

分ければ資源

　ここでは、大木町の循環のまちづくりを支えるごみの分別について見てみましょう。大木町ではごみを「資源物」として25分別を行っています。メタン発酵に使用される生ごみの回収は、毎週2回バケツコンテナ方式による裸回収が行われています。分別専用の白いバケツを無料で各家庭に配布し、10世帯に1個ずつ設置した青い収集バケツに各自投入してもらうのです。その他の可燃ごみは有料（ごみ袋を有料で販売）ですが、生ごみ回収は無料で行うので町民の協力も得られやすいと言えます。異物混入率は1％以下というのですから大変精度の高い分別作業がされていることが分かります。初めは億劫でも実際に始めてみると苦にならないと皆さんからの協力を得て大きな成果を上げています。

　また25分別の中でもユニークなのは、紙おむつの回収です。2011年10月から始まった取り組みですが、現時点での回収率は見込みの72％に上り、高齢化社会と共存する手立てとして普及・継続が期待されます。

　紙おむつは町内50以上設置されたボックスで回収され、パルプ材に再生して建築用壁材などに使用されています。

排出されたごみの分析をする学生たち

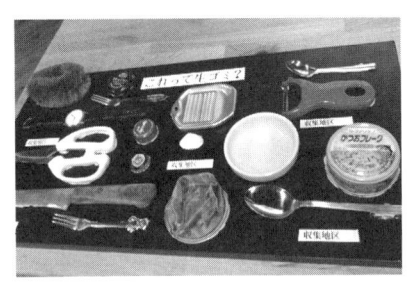

生ごみ、し尿、浄化槽汚泥の受け入れ室　　　　生ごみに入れてはならない異物の例

コスト削減効果

　いままで隣接する市の焼却施設への委託処理費がかかっていたものが
センターが整備され、2006年にバイオガス施設の本格的運転がはじま
り、資源物・メタンガス化する生ごみ・廃プラスチック類・草木類・紙
おむつに分別することで、可燃ごみの量が減少し、委託焼却費の減少と、
ごみの収集費用も削減されました。また、海洋投棄処分ができなくなっ
たし尿、浄化槽汚泥は、生ごみとともに資源化することで、業者に海洋
投棄処分を委託していた費用が不要になりました。その結果、初年度の
2005年度と2011年度をくらべると、処理するごみの量は53％減少し、
処理負担額は12％の削減に成功しました。新規事業は費用ばかりかさ
むと思われがちですが、おおき循環センターを見るかぎりではリサイク
ル貧乏では無く、リサイクルで町の経費の削減を達成、町民の「もった
いない」意識を循環型社会改革にもつなげていっているのです。

5-7　鳥取環境大学の低炭素循環型社会構築の研究

　2009年7月1日に環境の持続可能性（サステイナビリティ）をテー
マに研究を推進する鳥取環境大学サステイナビリティ研究所が設置され
ました。2014年度は設置5周年を迎えました。今や低炭素社会、循環

型社会、自然共生社会を築いて持続可能な社会を構築することが世界の共通目標になっています。研究所はそのような背景の中で、持続可能な社会を構築する上での問題の解決に少しでもお役に立てるような研究を進めていきたいと思っています。鳥取環境大学サステイナビリティ研究所で取り組んできた研究プロジェクトを紹介しましょう。

　まず「廃棄物系バイオマス（廃食用油）の利活用を核とした低炭素循環型社会の構築に関する研究」（文部科学省補助事業、2008 ～ 10 年度）について紹介したいと思います。

　鳥取環境大学はこれまでに循環型社会構築へ向けた試みとして、①廃食用油回収による BDF バスの運行、② 100 円市内循環バスへの燃料供給、③それらの事業の中での地域通貨の活用等に取り組んできました。今回紹介する研究プロジェクトでは、上記の取り組みを着実に市民生活に定着させ、更に環境に優しい農産物生産やマイカー使用抑制等の活動に市民をはじめ農家や地域組織が参加することを促す低炭素循環型社会システムの構築を目指した研究です。

「廃食用油の回収・利活用に関する研究」サブプロジェクト

　このサブプロジェクトでは、地域で利用可能な廃棄物系バイオマス賦存量（特に廃食用油）とその利用の現状を調査し、それぞれのマッチングによって地域の CO_2 排出削減を図りました。そのために地域のスーパーマーケット、ガソリンスタンドなどを活用した廃食用油の地域回収システムの構築を図り、回収した廃食用油を BDF に精製し、バスやトラクターの燃料として利用してきました。更に、市内循環バス、買い物などに利用できる地域通貨を導入することにより住民・学生の地域活動への関心を高め、環境保全に対する教育効果を狙いました。

「循環型農業生産システムの構築と地域活性化に関する研究」サブプロジェクト

　このサブプロジェクトでは、菜種などの植物系油から生産されるBDFを利用した農業生産システム（BDF農業）の確立を図りました。BDF精製時にはグリセリンなどの副産物が生じるので、各地でその処理に困っていますが、それを肥料化して菜種生産に利用することで低炭素型の農業生産を目指します。そしてBDF農業によって物質循環機能、環境浄化機能並びに食料生産機能を併せ持つ新しい環境保全型農業を推進します。また、わが国では有休農地や耕作放棄地の増加が問題になっていますが、その有効利用については市場原理に任せたままでは一向に進まないのが現状です。国土保全効果、生物多様性の保持等のお金に換算できない効果をいかに評価し、有休農地の利用を推進するか、新たな制度を模索するのも本研究のテーマになっています。

　このプロジェクトの特徴としては、地域をいかに巻き込むか？——に主眼を置いているところにあるでしょう。廃食用油の回収率向上への取り組みでは、地域と消費者に密着・業務展開されている農協系スーパーのトスクと共同研究覚書を締結し（2009年3月）、鳥取市内にある同社3店舗（吉方店、吉成店、雲山店）を通じて廃食用油を回収する研究を行うため、覚書を締結しました。また、低炭素循環型農業の取り組みでは、ＪＡ鳥取いなばと共同し、農業用機械でBDF燃料を使用する研究を行うため共同研究覚書を締結し（2009年5月）、現在農家6軒にBDF燃料を提供しています（2014年度をもって終了予定）。研究を研究で終わらせないように、実際に取り組みが地域に根付き、地域を活性化させることを目指したプロジェクトなのです。

　このように今まで鳥取環境大学サステイナビリティ研究所が取り組んできた研究は、農業生産を巻き込み環境負荷の低減を目的とした農業を成立させること、日常的に市民が利用する諸施設・諸機関が参加すること、また、直接市民の参加も得ながら地元の鳥取環境大学がこれらをコー

炭酸ガスを出さないバイオマスから精製され
た BDF を燃料としたスクールバス

BDF を試験的に使う農業機械

ディネートすること、こうしたことを通じて市民の環境保全意識の更な
る醸成、低炭素社会を目指した循環型社会システムの構築を推進するこ
とに大きな意義があると考えています。

海外のごみ利活用

5-8 北欧のバイオマスエネルギー

　デンマークを含む北欧では地球温暖化対策として、未利用バイオマス
として分類される麦わらによる発電・発熱が広く行われています。京都
議定書で CO_2 の排出量を 1990 年に比べ 2012 年には EU 全体で 8 ％削
減を目標にしており、EU 全体でエネルギー消費量のうち再生可能エネ
ルギーの割合を 1998 年の 6 ％から 2010 年までに 12％まで高める計画
です。その再生可能エネルギーの中に占めるバイオマスエネルギーの割
合を 74％と見積もっています。

環境にやさしいエネルギー

　風力発電で知られているデンマークでは再生可能エネルギーの割合を
毎年 1 ％ずつ増加させ、2030 年には 35％までもっていく計画です。デ

ンマークのエネルギー政策として化石燃料への課税を高くし、バイオマスエネルギー利用が相対的に有利になるように誘導しています。環境にやさしいエネルギーとして、天然ガス、太陽光、風力、バイオマス（麦わら、木材、家畜排泄物、家庭ごみ）の活用を増やし、化石燃料の消費抑制策を取っています。特にバイオマスの利活用は CO_2 の排出削減に寄与すること以外に　①外貨の節約、②雇用の拡大、③農業、林業、家庭からの廃棄物の有効利用といったメリットがあり、これらの達成のために、基本的には　①エネルギー消費の抑制、②天然ガス消費の増加、③再生可能エネルギーの増加、④石炭の消費の削減、を基本戦略としています。

　このような背景の中で推し進められている再生可能エネルギー、麦わらを利用した発電・発熱の施設を紹介します。

麦わら燃料熱電気併給施設

　デンマークの首都、コペンハーゲンの南マリボにあるマリボ・サクスブルグ熱電気併給施設は、現バイオエナー社が電力会社（Energi E2 社）に納入し 2000 年から、発電、および地域熱供給を行っています。この施設では麦わらを燃料として、9.7MW の発電と 20MW の地域熱供給を行っており、電力は約 1 万世帯分をカバーし、熱は近隣 2 市（マリボ市、サクスブルグ市）の人口 3 万人分の需要のほとんどを賄っています。

　この施設は農場に囲まれたところに位置し、機械施設は全て屋内に設置されています。ここで使う燃料は、大麦およびライ麦の麦わらが主体であり、近隣の農家から買い取ってきます。麦わらは一片が 1.2m、1.3m、2.5m の立体形で重さ 500kg に梱包されたベール状で搬入されます。農家から引き取るのに水分だけ測定し、水分が 25％を超えていると受け取りません。ここでの麦わらの貯留能力は 900t で、年間 4 万 t の麦わらが焼却発電されています。従って長期保管はそれぞれ農家で行い、そのために必要な圧縮梱包機械などは、大規模農家が単独所有するか複数

麦わらベールの受入れ貯留ヤード（右手前のクレーンで挟み，中央奥の供給部へ）

施設外観（左端は 6,000m^3 の温水タンク）

の農家が共同所有しています。

　施設内で貯留されている梱包された麦わらは、大型クレーンでホッパーに運ばれ、コンベヤで貯留場から運び出され、出口部分での解砕機で梱包が解かれ、ばらばらになって供給機へと送られ燃焼炉に投入されます。燃焼排ガスはバグフィルターなどを備えた排ガス処理装置で処理され、大気を汚染することはありません。ここには３万人分の熱需要を賄う 6,000m^3 の巨大な温水タンクがあります。麦わらが焼却されると約２〜４％の灰が発生しますが、それは農家に無償で提供され、肥料として再利用されています。排ガス処理で採れた飛灰だけが埋立処分されることになります。

バイオマス利活用促進の決め手

　ここの施設は、ごみの焼却発電プラントに似ていますが、貯留場での火災防止、燃焼前にベールを細かくする技術、燃焼を促進する技術などの特徴があります。また特筆すべき点は、麦わらの持っている熱量の90％を熱と電気エネルギーに変え有効利用している点です。これができるのも寒冷な地域であり、熱需要が多いことからこのようなエネルギー回収の効率化を達成できるものと思われます。

　この施設は、麦わらを農家から買い取り、それを焼却し、電気、熱と

して売却して収益を上げています。つまり、その売電、売熱の収入で麦わらの購入費、その収集運搬費、設備の建設費、運転維持管理費用などを賄っていることになります。

このようなバイオマス発電・熱供給が事業として成り立つのは、売電・売熱単価が高いとか、政府の補助金や優遇策があるためと思われます。日本でのバイオマス利活用の促進には技術開発もさることながら、必要なバイオマスを効率的に集めたりするノウハウや国としてどの程度の優遇策がとられるかが決め手になると思われます。

5-9　ヨーロッパのバイオマス利活用と再生可能エネルギー

ＥＵ指令案にはバイオマスネルギーを含む再生可能エネルギー活用の将来的な目標値が示されています。ＥＵ全体として 2020 年には総エネルギーの 20％といった驚くべき高い数字です。

ＥＵの地球温暖化防止活動

ＥＵは、2008 年 1 月 23 日付けで、地球温暖化防止に向けての指令案を提出しました。この「ＥＵ再生可能エネルギーの促進に関する指令案」には、2020 年までに、その消費エネルギーの 20％を再生可能エネルギーで、輸送に係る燃料の 10％をバイオ燃料にするという拘束力のある目標を設定しています。これからのＥＵの環境戦略・エネルギー戦略のみならず、産業・経済戦略までを規定する極めて重要なものになると考えられます。

指令案の趣旨説明を見ると、「エネルギーの将来に関して曲がり角」、「人間活動由来の温室効果ガスに起因する気候変動の脅威に対して、効果的かつ緊急に取り組む必要がある」、として「気候とエネルギー政策の統合化研究の必要性」を掲げています。また、ＥＵのエネルギー輸入依存は、エネルギー供給の安全を脅かし価格上昇を招くのに対し、「エ

ネルギー効率、再生可能エネルギーと新技術への投資」を促進すること
はさまざまな側面に利益をもたらし、開発と雇用に関するＥＵの戦略に
も貢献する、としています。

各国の再生可能エネルギーの目標値

　2020年には消費エネルギーの20％を再生可能エネルギーで調達する
ことを義務づけ、それを加盟国間でどのように配分すべきかについては、
GDPで調整した定率法が、簡単で公正な増加をもたらすので最適であ
るとされています。ＥＵ指令案の付属資料に「各国の再生可能エネルギー
の現状と目標値」があり、これを使って横軸に１人当たりGDPをとっ
てグラフ化してみました（図5－1）。これに日本の現状をプロットす
ると、水力発電のおかげで、オランダ、フランス、ドイツ、イタリア、
ベルギーに囲まれた位置にいますが、日本はＥＵのように、将来どこま
で再生利用エネルギー比率を高めることができるでしょうか。（図に１
人当たりGDPと消費エネルギーに占める再生可能エネルギーの割合の

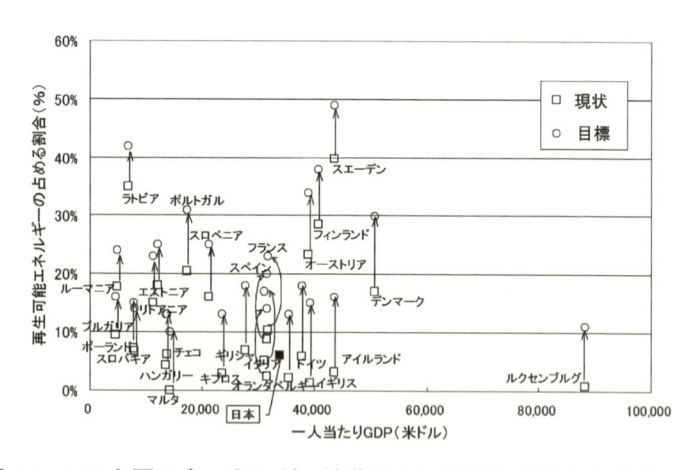

**図 5-1　EU 各国の全エネルギー消費における再生可能エネルギーの
占める割合　現状（2005 年）と目標値（2020 年）**

現状と目標値を示します）スウェーデン、ラトビア、フィンランド、オーストリア、ポルトガルはすでに 20％を達成しています。

ブリュッセルのコンポストプラント

　ブリュッセルの工業団地に民間企業 SITA グループの廃棄物関連施設が多数あり、INDAVER 社（公社から SITA グループに入り民営化された企業）のコンポストプラント（堆肥化施設）があります。

　ここでコンポスト化する処理対象物は、ブリュッセル市民の家庭から分別回収した厨芥とグリーンごみ（芝生、庭園ごみ）が中心で、この他に有機性産業廃棄物（乾物、例えばバナナなど果物など）も処理していますが、レストランの厨芥は受け入れていません。

コンポストプラント内部

　有機性廃棄物受入量が 700 t ／週という比較的大規模な屋内型コンポストプラントです。建物の中で発酵・熟成させるコンポストプロセスは、水分 60％、温度 70℃の最適条件で好気性発酵させ、約 16 週間後、重量が半分になって堆肥化・製品化されます。受け入れ処理費は 70 ユーロ／（t－ごみ）で、堆肥は 2 ユーロ／（t－製品）で販売されています。本プラントの運転職員は 10 名。処理能力に比べ受け入れ量が多すぎると（嫌気性発酵となり）悪臭が発生して苦情が周辺から来ます。処理量がオーバーしないように注意しながら運転されています。発酵過程から出る排気については、バイオフィルター（生物ろ過）を用いた脱臭を行っていて、この経済的な脱臭装置の性能には十分に満足しているとの話でした。製品のコンポストは 3 月から 6 月にかけて売れ行きが良く、10 月から 2 月は誰も欲しがらないため保管に工夫が必要になるとのことです。

厨芥を分ける意義

　ごみの中でも水分の多い厨芥が個別に分別収集されて燃やすごみへの混入が少なくなれば、可燃ごみの焼却炉における燃料としての価値が高まり発電に有利になります。また、分別収集が可能で、できた製品の引取先があるなどの条件が整った場合には、有機性廃棄物は飼料や肥料にリサイクルした方が経済的で環境負荷も少なく合理的な場合があります。ブリュッセルでは、可燃ごみは高効率発電を行い、分別回収した厨芥はコンポスト化して全体としてエネルギー・物質資源の有効活用が行われていました。

　地域特性によりますが、厨芥を地元で飼料や肥料にリサイクルし、その他の可燃ごみはコンテナに積み替えるなどして、遠くても高効率発電付きごみ焼却施設へ運ぶことができるようになればエネルギーと物質資源のより高度な有効活用を図ることにつながります。ごみの熱エネルギーは、再生可能エネルギーの中でも量的にも多く比較的利用しやすいものとして注目されています。

5-10　韓国プサン市のバイオマス利活用の取り組み

食べ残す食文化

　韓国で開かれたバイオマスの活用の国際会議への出席後の食事は、私にとっては毎日ご馳走で、食卓に所狭しといろんなお皿が並べられました。キムチだけでも何種類も並べられ、食べきれないほどの量が出ることがご馳走してくれたことを意味するらしいのです。もてなす主は客が食べ残すくらいに料理を出さなければなりません。それが韓国の文化です。そのようなわけで食べ残しが多く、それらは当然生ごみとして排出されます。

　今までは埋立処分されていた生ごみの対策に頭を痛めていたようで

韓国での豪華な食事のあと、食品廃棄物のことを考えた

ごみ、下水汚泥からメタンガスを回収する資源化施設

す。今や生ごみは埋立処分が禁止され、これらの焼却も禁止されたとのことです。

　早速、釜山市のごみの担当者を訪れて生ごみ対策を聞いてきました。それから生ごみと下水汚泥からメタンガスを回収する資源化施設を見学しました。

　埋立てや焼却をやめてメタンガスの回収や飼料化や堆肥化を促進しています。しかし施設が不足して、やむなく一部は焼却しています。

　釜山市の人口365万人から発生する、1日あたり856tの内786tを資源化しており、残り（資源化施設能力不足分）の70tは焼却しているそうです。

　視察したのは生ごみと下水汚泥とを一緒に処理するスヨング下水併合処理施設です。

生ごみの発生・排出抑制、切り札は課金制度

　この施設は環境管理公団が運営しています。生ごみは下水スラッジと一緒に1カ月かけて消化して、消化槽汚泥は海洋投棄をし、汚水は下水処理場で処理しています。回収されたガスは発電に使われ、施設内で利用しています。もともと持っている下水汚泥の消化槽に生ごみをゲル状にして投入しているので、消化槽以降の工程は下水汚泥用の施設を使っ

ています。

　市が持っている他の生ごみ用施設としては、民間投資の施設（メタンガス回収が主体）があり、飼料化や堆肥化を行う民間運営の施設が2001 年に稼動したものと、2002 年に稼動した 2 つがあります。

　市民の分別排出は生ごみ、可燃物、不燃物、資源ごみなどがあり、それらは最終的には 21 品目に選別されます。生ごみは住民が 5 ℓ のプラスチックのバケツに入れて各家庭の門の外に出して、それを業者が回収します。

　生ごみの回収はバケツ当たり 300 ウォン（約 40 円）の料金を徴収されますが、これが生ごみの減量化を促進しています。高層マンションからの生ごみは一定量で契約、それを超えるとその量に応じて料金を支払う仕組みです。

発生排出抑制策

　婦人会による自発的なリサイクル活動があります。売却収入は婦人会の活動費に充てています。缶、ビン、PET、衣類などの資源ごみを回収、売却益は老人のための宴を開くのに使うそうです。

　市当局はリサイクル活動を経済的に支援するというようなことはしません。日本では集団回収などのボランティア活動に対して回収された資源ごみの量に応じて、キログラム当たり 10 円とかの補助をする自治体が多いのですが、そのようなことはないそうです。何でも、年末に優れたところを表彰するとか。食品廃棄物もレストランなどは、$125m^2$ 以下では、家庭と同じように収集しますが、$125m^2$ 以上は自らの責任で回収処理しなければなりません。

海洋投棄、禁止の方向

　生ごみは 2005 年 1 月 1 日から埋立て禁止され、リサイクルの残渣は埋立処分ができますが、下水汚泥は海洋投棄処分されています。しかし

ロンドン・ダンピング条約もあり、海洋投棄処分はいずれ禁止される方向だそうです。

処理責任は、収集運搬は区役所の責任、処理施設の建設・運転は市役所です。公共施設は市の税金で、民間の処理施設は区役所が処理費を業者に支払っています。生ごみの埋立処分禁止の理由は、土壌汚染と処分場の確保難が挙げられます。

住民の反応を聞くと、埋立処分場の悪臭対策として好都合なので、処分場の周辺の住民は賛成しているそうです。

生ごみの発生抑制、排出抑制の方法を聞くと、基本的には区役所は実態を調査、住民への情報の発信、基準の設定、良い事例に賞を与える、先進事例を集める、現場の見学会、市が区役所間の比較、良い事例を表彰、条例でベンチマークを示すなど色々取り組んでいるそうです。

食品廃棄物のリサイクルは当初手間がかかるとか協力体制が余りよくなかったが、今では定着してきており成果が出ているとのことです。その理由として以前は食品廃棄物の脱水などが必要だったのが、バケツにそのままの生ごみを入れて回収してもらえるので、今はその必要がなくなり、その点も住民から評価されていることが考えられます。

5-11 韓国の３Ｒへの取り組み

韓国で生ごみの乾燥機がよく売れていると聞き、さっそくソウルのスーパーの電化製品売り場に行って、どのようなものなのかを見てきました。日本で使っている小型の電子レンジのようなものです。生ごみをこの容器に入れて 10 時間経つと、臭いのしない粉状のものに変わるそうです。

どうしてこのようなものが売れるのでしょうか。2005 年にリサイクルするために生ごみが埋立禁止になり、生ごみは一般ごみとは別に分けて排出するようになりました。従って、生ごみを入れるごみ袋が高くな

りました。生ごみを乾燥させると体積も減少し、しかも一般ごみとして出せるという経済的な理由もさることながら、生ごみとして分別されるものがなくなり家の中が衛生的になり、また生ごみ乾燥機を持っているのも自慢できるのだそうです。そういう理由で生ごみ乾燥機が売れています。

家庭用生ごみ乾燥機

レジ袋はただではありません

　日本では最近、３R推進のためにレジ袋を断るとか、有料で渡す有料制の導入が進められています。

　韓国では10年以上前から有料化しているそうです。

　そこでどのような買い物袋なのか、どの程度の値段なのかを調査するために韓国の百貨店に行って、買い物をすることにしました。

　キムチなどの漬物、韓国のチョコレートやミネラルウォーターを買いました。買い物袋を持っていかなかったためにプラスチック製の買い物袋を１枚くれました。品質的には決して良いものではありません。廃プラスチックから再生したものでしょうか。領収書に50ウォンと書かれていました。約５円です。物価を考えると日本での10円ぐらいの負担感覚ではないでしょうか。紙袋ですと100ウォンだそうです。この袋を節約するために自分の買い物袋を持って行く人が多いそうです。

韓国にもブックオフやハードオフが進出

　家庭から排出されるごみは、生ごみ、一般ごみ、粗大ごみに分けて出します。生ごみを乾燥することによって、一般ごみに出すことができます。それにガラス類、金属類は週に一回資源ごみとして回収してくれます。昔は練炭を燃料にして使っていたため、練炭灰がたくさん出ていま

したが、最近では電気、ガス、灯油などに置き換わって練炭を燃料に使う家庭は少なくなったそうです。

ごみを減らすための方策は色々ありますが、書籍、CD、DVDのリサイクルにブックオフが、そしてパソコン、カメラなどのリサイクルにハード・オフが日本から進出しています。これらは3Rビジネスと言えるでしょう。

ごみの散乱をなくするために

街角でプラカードを持って立っている集団に遭遇しました。聞くと、交通違反をした人達が『シートベルトをしましょう』と書いたプラカードを持って立っているのだそうです。

シンガポールでは、ごみを捨てたら公園とか公共の場所で、『私はごみを捨てました』と書いたたすきを掛けて公園の中で掃除をさせられます。従ってシンガポールにはごみは散らかっていないのだと聞きました。

どこの国でもごみの散乱とか不法投棄に頭を脳ましています。罰金を払って罪を償うのではなく、罰を与えて二度と違反をさせないようにしている例です。このような方法が最良の方法かどうかは別として、ごみの散乱、不法投棄をなくすることは重要な課題です。

海ごみは買ってくれるの？

韓国では、海ごみを買ってくれる制度があります。国土海洋部の海ごみを管理する課の担当者から詳しく聞くことができました。漁民が持ち帰った海ごみを国が60％、地方自治体が40％資金を出して買い取る制度があります。

釜山の海岸から東を望む

実際は持ち帰ったごみの選別、袋に入れたりするために時間を割いた

りするので、そのための費用だそうです。2003年から始まった制度です。2009年には国は24億ウォンの予算で行っているので、地方自治体の負担分を合わせると40億ウォンになります。40ℓ入りの袋に入ったごみは4000ウォンで、100ℓ入りの袋に入ったごみは1万ウォンで買ってくれます。1ℓを100ウォンで買ってくれていることになります。

注：1ウォンは0.1円。

5-12　タイの3Rへの取り組み

循環型社会を構築するには世界の廃棄物がより適正に処理されるように改善されなければなりません。　2009年8月に、タイの天然資源・環境省のスニー廃棄物・有害物質マネジメント局長を訪問して話を聞いてきました。スニー局長は20年前になりますが私が関わっていたJICA（日本国際協力事業団）の廃棄物処理の集団研修の受講生の一人です。

タイで排出されるごみ

タイは日本の1.4倍の国土に、日本の人口の半分の6,300万人が住んでいます。西はミャンマー、北はラオス、東はカンボジア、南はマレーシアに接している国です。この国の都市ごみ発生量は年間1,470万tです。日本の4分の1の排出量ですから1人1日当たりにすれば日本人の約半分の600gになります。その組成ですが有機物が多く64％、リサイクル可能物は全体の30％を占め、更にその内訳は紙が8％、プラスチックが17％、ガラスが3％、金属が2％です。産業廃棄物の年間排出量は1,020万tで、都市ごみの70％に相当します。

家庭から発生する有害ごみ

国によって有害ごみ、あるいは特別廃棄物と呼んでいる適正処理困難

物の種類は違いがあります。タイでは処理に困っている廃棄物として乾電池、スプレー缶、農薬類、廃電子電気製品を家庭系有害廃棄物と呼んでいます。リサイクル、あるいは適正処理のために発生源での分別を一部の都市で進めています。

デポジット制度による３Ｒの推進

タイではガラス瓶のデポジットシステム（回収保証金制度）が日本のビール瓶回収のように残っています。コカコーラのガラス瓶に入った飲み物を購入して持ち帰る場合には、店に１本当たり１～２バーツ支払い、空き瓶を返却すればそのお金は返却されるわけです。従ってガラス瓶はごみとして捨てないで小売店に返却されます。これもごみの排出を抑制する大事な手だてです。

生産者による引き取り制度

タイの環境省のビルに行くと写真のような蛍光灯の回収ボックスがありました。タイ東芝蛍光灯社は使用済み蛍光灯を回収しています。役所の建物とか病院、銀行などに蛍光管の回収ボックスを置いて、一

タイの環境省のビルにある蛍光管の回収箱

定量が集まると回収します。家庭の蛍光灯も地方自治体が回収して、その後、東芝が回収するそうです。他のメーカーのものも回収してリサイクルすることにより自社製品の販路拡大にもなるのでしょう。携帯電話メーカーのノキアも地方自治体と組んで回収ボックスを設置して携帯電話の回収・リサイクルに力を入れています。

ジャンクショップによる資源ごみの回収

タイにはジャンクショップという資源廃棄物を取り扱う店がたくさん

あります。資源ごみを持ち込むと買ってくれます。また家の前に資源ごみを分別排出しておくと資源回収業者が自動三輪車で回収に来ます。回収したものはジャンクショップに持ち込んで売却します。そこでは量がまとまれば、もっと大きなジャンクショップにより高い値段で売却するのです。このように資源ごみの回収はかなり進んでいます。ジャンクショップによるもの、デポジットによる回収、生産者の引き取り制度による回収などで都市ごみの発生量の約22％が回収されています。

学校運営によるリサイクル銀行（スクール・リサイクル・バンク）

　生徒が自宅から資源ごみを学校へ持ち寄ります。持ち寄った資源ごみの数量を仮想銀行の通帳に記載し貯金のように増やしていくのです。このようなシステムがタイ全国1,200の学校で実施されています。資源ごみとしては、新聞・雑誌、ガラス容器、プラスチックの包装容器などです。

　この仮想銀行は学校のスタッフによって運営されています。ある程度まとまればジャンクショップに売却され、各生徒によって回収された資源ごみの量に応じて売却金が通帳に記載されます。生徒は資源ごみを学校で選別することにも関わるのです。そのような関わりで、環境教育にもなると考えられています。ごみの発生源でリサイクルできるものが生徒によって学校に持ち込まれ、それが売却されて生徒にはご褒美として現金が返されます。

　仮想銀行の預金を増やすために自分の家庭からだけでなく、近所の家庭からも資源ごみを集めて学校に持ってくるのです。このようにごみを分別すれば価値ある資源になることを小さいときから教えるという効果が期待されています。ここでも教えているのは「分ければ資源、混ぜればごみ」です。

5-13　ベトナムのリサイクル村

　2009年12月1日に、ベトナムのリサイクル村を訪れました。ベトナムの廃棄物処理公社ユーレンコ（URENCO）の社員さんが案内してくれました。ベトナムの首都ハノイから南西に2時間ほど車で行った所に位置する、ツリュー・ク（Trieu Khuc）村です。ここではあらゆるプラスチックを村中でリサイクルしていました。

ベトナムのリサイクル村

　ここはプラスチックをリサイクルする村です。他にガラスをリサイクルする村、紙をリサイクルする村、金属をリサイクルする村があります。リサイクル村によって対象ごみが異なっています。これがベトナムのリサイクルの特徴と言えるでしょう。

　また排出源である家庭ではプラスチックの容器などを分別保管していて、そこに資源回収業者が買いに来てくれます。他にはごみの排出先から、あるいは埋立処分場で捨てられたごみの中からプラスチックなどを回収するスカベンジャーもいます。そのようなプラスチックごみもこの村に運ばれて来ます。プラスチックといっても色々なプラスチックがあります。硬質のプラスチック、シート状のプラスチックと特徴があります。この村ではそれぞれの家がプラスチックの回収に特徴を持っています。ペットボトルの蓋だけを回収して袋詰めしている家庭もあります。またシート状のプラスチックを洗って乾燥して出荷している家庭もあります。またプラスチックを使って簡単な容器を製造している家庭もあります。

ハノイ・ユーレンコが抱える廃棄物問題

　ハノイは2008年に合併があり、以前と比べて面積は2倍、人口は3倍になりました。今やハノイ市が抱える人口は623万人です。廃棄物処

理公社ユーレンコの理事長ホア（Nguyen Van Hoa）さんがハノイ市から毎日発生する大量の廃棄物の適正処理が最大の課題であると前置きしてから、ユーレンコの抱えている悩みや取り組みについて語ってくれました。ユーレンコは公設の廃棄物処理事業体ですが、公的な経費負担が大きいのでいずれ民営になり、自立するための経費のねん出が課題だそうです。いまは高所得者層からのごみ処理料金の徴収率は40％、その他の層からは10％ぐらいだそうで、処理料金の値上げとその徴収率を高めるのが課題です。また技術的には浄化槽汚泥の処理に伴う泡の発生で困っています。またごみを圧縮梱包して埋め立てする提案があり、費用が安くなると思っているが費用効果分析が必要で、また有料化にした場合のごみの減量化の効果も前もって評価してみたいそうです。

廃棄物処理公社ユーレンコの改善計画

ユーレンコの悩みは、よい人材の確保、有害廃棄物の処理施設を整備すること、制度面からそれぞれ組織の責任や役割分担を明確にすることです。そうすることによってオープンダンピングや不適正処理に対する監督や規制の効果を高めたいとのことです。どこの国にも色々な悩みはあるのですが、ベトナムはアジアの諸国の中でも際立ってよく問題に対応していると感心しました。

今後の改善の努力目標としては、(1) データベースを構築、(2) ごみ処理手数料の値上げと料金徴収率の向上、(3) 分別排出により品質のよいコンポスト製品を作ること、(4) オープンダンプを衛生埋立に改善すること、(5) スカベンジャーに安全な資源回収作業環境の提供、等があるそうです。

日本の廃棄物分野での協力

日本のベトナムへの技術協力は長い実績があります。国際協力機構（JICA）の循環型社会構築への協力です。「もったいない」精神で３Ｒ

定期的に覆土をする衛生埋立処分場

日本のJICA（国際協力機構）の3Rに関する技術協力

に関する環境教育、物を大切にする教育をしてきました。生ごみの分別でコンポストの製造をパイロット・プロジェクトとして実証して全国に広げる計画で、分別排出を広め、有機性生ごみ、無機性ごみ、資源ごみに分けて排出をし、処分するごみの量を減らす運動です。そのために行政、市民、企業などとの協働を進める必要があります。また収集でも、プラスチック袋による収集、特定の曜日に特定の種類のごみを収集、定点・定時収集に向けての改善を推し進めています。このような活動がアジアにおける"3Rに取り組む姉妹都市"のネットワークを構築してアジアに3Rが広がることが期待されます。

5-14 エネルギー供給の7割はバイオマスで ——カンボジアのごみ処理

　2011年3月、カンボジアで廃棄物問題、特に海ごみやバイオマス利活用の実態調査と研究交流を行うために首都プノンペンを訪問しました。カンボジアを流れるメコン川は、中国のチベット高原を源流とし、ミャンマー、タイ、ラオスの国境を通り抜けたあと、カンボジアとベトナムを通り、南シナ海に抜けています。また、カンボジアの港湾都市シアヌークビルには、観光客に由来するごみや、周辺の村落に由来するごみなど、さまざまな原因による漂着ごみが発生しています。その実態を知るため、ごみ問題の専門家であり私の友人である王立プノンペン大学

のソアー・セティ（Sour Sethy）氏を訪問し、シアヌークビルでどのようなごみ問題があるのか、その改善のためにどのような努力が行われているのかについて情報交換をしました。

バイオマスの利活用では優等生

　カンボジアのデータによれば、2007 年では一次エネルギー供給量は年間約 516 万 t（石油換算）で、そのうち薪、木炭、わら等の国産バイオマスが 360 万 t で全体の約 7 割を占めます。バイオマスのほとんどは薪であり、家庭用の料理などの燃料として利用されています。総人口は約 1,480 万人（2008 年）で、その内農業人口は 70％を占めます。今後のバイオマス利活用では、精米工場からのもみ殻、バガス（サトウキビの搾りかす）の廃棄物が注目されています。また薪を使用した料理用ストーブの燃焼効率を高めることによって省エネルギー効果を期待できます。カンボジアでは豊富なバイオマス資源を活用した発電、省エネルギープロジェクトが検討されています。化石資源はすべて海外からの輸入に頼っているカンボジアは、バイオマスという再生可能なエネルギーの利用においては優等生と言えます。

プノンペンとメコン川

　プノンペンは直接的にはトンレサップ川に面しており、トンレサップ川はすぐ下流でメコン川に流れ込んでいます。トンレサップ川の河川の水は土などで濁っており、漂流ごみの様子を目視することはできませんでした。しかし、川岸には意図的に放置されたと見られるごみが散乱しており、メコン川の下流へ漂流していくものと思われます。雨期には、雨量の関係で、トンレサップ川の流れは乾期とは逆になるそうです。

トンレサップ川（左）と川岸のごみ（右）

シアヌークビル周辺のごみ処理の実態

　シアヌークビルの漂着ごみの実態について把握するため、2007年にまとめた報告書に基づいてソアー・セティ氏から報告を受けました。シアヌークビルの周辺には貧しい村がたくさんあり、それらの村ではごみ収集が適切に行われていないことが分かりました。シアヌークビルにはごみ収集を行う民間会社が存在しますが、そのサービスを受けられる層と受けられない層があり、ごみ問題をいっそう複雑にしていることも分かりました。

　シアヌークビルのオーチュティールビーチ（Ochheuteal Beach）には、国内外から多数の観光客が訪れます。また、その数も増えているためレストランや遊技場など色々な施設が増えて、それらからの排水や廃棄物が処理されることなくそのまま環境に排出されて、環境に悪い影響を及ぼしています。その改善策として、ビーチを目的別に区分けして利用するよう提案されていました。それによると、海岸と海は次のようなゾーンに分けられます。浜辺から順番にビーチ・ゾーン（浜辺区域）、イーズメント・ゾーン（調整区域）、バッファーゾーン（緩衝区域）、ビルトアップゾーン（建造物区域）です。海にはスイミング・ゾーン（遊泳区域）を沖合100mまでに設けることとしています。

海ごみ対策の基本

メコン川のように多くの国をまたがる国際河川では、漂着ごみの加害国と被害国が異なる状況が起こります。そのような状況に加えて、国家間の経済格差や一国内の経済格差が、いっそうごみ問題を複雑にしていることが分かります。このような状況は、複数の国家に囲まれた日本海の漂着ごみ問題にも当てはまるはずです。漂着ごみ対策に関する国家間の連携を検討する際には、国家間の経済格差についても考慮しなければなりません。海ごみの問題は、それぞれの国が全てのごみを適切に収集して、適正に処理処分をすることが基本です。収集がなければ自己処理になり、空き地や川、海に捨てる人もいるでしょう。そのようなごみが漂流ごみや漂着ごみになることが想像できます。

5-15　台湾で見た、人を生かすリサイクル

大歓迎された見学者

台湾で見た資源リサイクルは大変ユニークなシステムでした。台湾には数多くのリサイクルセンターがあります。私たちはその一つ、台北から北に行った桃園（タウユエン）という町にある比較的大きなリサイクルセンターを訪れました。私たち一行が到着すると、ユニフォームを着た大勢の人がずらりと並び、歓迎してくれました。そのうちの一人が説明役として私たちを先導して施設内を案内してくれました。説明する人の横には、スピーカーを持つ人、説明者と書いたプラカードを持つ人、記録のためのカメラマンが3人ほどついて、リサイクル施設を見学する私たちの様子をしっかり撮影していました。

お年寄りの働き場、リサイクルセンター

倉庫だったところを改装したという広い施設内に入ると、お年寄りばかりが何十人とおり、回収されてくる廃棄物を選別していました。選別

しているのはガラス瓶、金属缶、紙、プラスチック、衣類、家電製品などです。ベルトコンベアーなどはなく、作業員は資源ごみの種類別にグループに分かれて丁寧に手で選別し、資源に変えています。

　一番驚いたのは紙の分別です。印刷された紙の、印刷部分と白い部分をハサミで切り分けているのです。印刷してあるところは脱墨が必要なので、印刷している部分と印刷していない部分を切り分けているのです。ある区画にはお年寄り達が古紙の中に座り、隣の人とおしゃべりしながらチョキチョキとハサミを使って切り分けています。大変な手間をかけ、また多くの人の手を煩わしています。幾らなんでも非効率でコストがかかりすぎるのではと心配してしまいます。どうしてこのようなリサイクルが長続きするのでしょうか。

尼さんによって始められたリサイクル活動

　実は、このリサイクルセンターは慈済（ツチ：Tzu Chi）という仏教系の市民団体により運営されており、ここで働いているお年寄りたちは、慈済の理念に賛同して無償で協力をしているボランティアなのです。従って、分別にいくら手間をかけようとコストを気にする必要はないのです。慈済は女性の證厳（Zen En、またはCheng Yen）法師という人が1966年に始め、2014年現在まで48年間活動をしている歴史ある市民団体です。台湾だけで7万人ものボランティアが慈済の活動に参加しており、全世界では47カ国、345カ所に支部がある、大変大きな組織で、
　（1）慈善事業、（2）医療活動、（3）教育活動、（4）文化活動などを行っており、（5）災害救助、（6）骨髄提供、（7）環境保全、（8）互助会村作りなどを行っています。環境保全の一環として、不用品のリサイクル活動をしています。日本にも東京に支部があるのです。
　この施設は収集運搬のトラックも保有しており、ボランティアのドライバーが資源ごみを収集してリサイクルセンターまで運搬し、選別された資源物を搬出しています。プラスチックは色々なプラスチックに選別

されます。選別作業に携わっている人たちは、色や破れ方、伸び方などで素材を分別するノウハウを身に付けています。家電製品は細かく解体・分解し、金属、ガラス、プラスチックなどに選別していました。カセットテープは中の磁気テープまで取り出していました。リサイクルセンターで選別された資源は売却され、そのお金で地震や水害などの被災者に毛布などを送って救援をしているのです。その毛布も古布をフェルト化して自社工場で作っていました。

井戸端会議ならぬごみ端会議

　リサイクルセンターを見て回って感じたことは、ここで働いている皆さんがいきいきとしており、お金のために働いているのではなく慈善活動として社会のためになることをしているとの誇りを持って作業に取り組んでいるという印象を持ちました。カメラを向ければ笑顔で応えてくれ、取材されること、自分たちの活動に関心を持たれることをとても喜んでおりました。

　説明役の人は「この慈善活動に参加していなければ、お年寄りはそれぞれの家に一人ぼっちでいることになる。この活動に参加することで仲間ができ、また社会に貢献しているという誇りも持てる」と説明してくれました。リサイクルの場がお年寄りの居場所となり、井戸端会議ならぬごみ端会議をするコミュニケーションの場ともなっています。これはお年寄りだけでなく、その家族にとっても安心なことでしょう。リサイクルが、ものを生かすだけでなく、人を生かすことにつながっている素晴らしい活動だと感心しました。

寄付金も集まるショーケース、資源ごみ選別場

　見学を通じて感心したことのもう一つは、この団体のＰＲ活動がうまいということです。先ほども触れましたが、私たちが見学に行った時もスチルカメラ、ムービーカメラを持った撮影専門のカメラマンがついて

古紙の印刷している部分をはさみで切り離
している婦人達

プラスチックを種類毎に選別する人達

きました。私たちの見学の様子を、世界中から集まったリサイクルの専門家グループが視察に来たとプレスリリースを出し、自らも WEB サイトや冊子などの各所でＰＲしています。ちなみに、カメラマンや DTP デザインなどもボランティアの中でそうしたことが得意な人や専門の人が担当しているそうです。わが国で 2007 年柏崎沖で起こった新潟県中越沖地震の時にも、慈済は支援物資を送ったそうです。その様子は台湾のＴＶでもニュースとして流れたということでその時の映像を見せてくれました。そして、こうした活発なＰＲ活動は、多くの人の支持を得て、この団体の活動資金の確保にもつながっているのではないかと思いました。不景気な世の中ではあるが良いことにはお金を出す、という企業・団体は少なからずあります。慈済の活動は、「寄付金が確実に社会貢献につながる」と印象付けることができれば、そうした資金を集めることができるというモデルケースともいえるでしょう。

5-16　バングラデシュのごみ処理

　2014 年 2 月の下旬にバングラデシュの首都ダッカで鳥取環境大学主催の廃棄物系バイオマス利活用に関するワークショップを開催しました。世界中の人たちに循環型社会の構築を呼びかけるためです。インド

の北東に位置するバングラデシュは、昔の東パキスタンです。人口も増加しこれから経済発展が見込める国で、ユニクロなど日本の企業も注目して進出しています。

日本とは違うバングラデシュの常識

　日本の面積の4割の国土に日本より多い1億5,000万人が住んでおり人口密度は平方キロメートル当たり1,000人（香港やシンガポールに次ぐ多さ）と多くの人で活気に満ちた国です。国民の98%はベンガル人で、90%はイスラーム教徒です。公用語はベンガル語です。1971年までイギリスの植民地であったことから英語が話せる人も大勢います。滞在1日目の朝は5時過ぎに聞いたイスラーム教の寺院からのお祈りの拡声器の音で目が覚めました。通常の勤務は日曜日から木曜日で、金曜日と土曜日が休息日です。アルコールは店にも売っていませんし、レストランでも提供されません。開発途上国の例に漏れずバングラデシュのダッカでも都市化の波が押し寄せており、朝夕の渋滞はひどく、数100m進むのに数10分から1時間かかることもあるそうです。そのため地下鉄建設の案件もあり、高架道路もあちこちで建設されて、それも渋滞に拍車をかけています。

廃棄物問題解決への日本の協力

　国際協力機構（JICA）の事務所を訪れ、日本のバングラデシュに対する協力について説明を受けました。バングラデシュには長い期間日本は熱心に協力をしているのですが、日本の担当者から見れば歯がゆい思いもしているようです。日本から応援をすればその分廃棄物担当者が削減されたり、関連のポジションが埋められていないということが起こっているそうです。今回の視察では食品廃棄物のバイオガス化の施設の建設、最終処分場の改善事業や、廃棄物収集車の提供など日本の支援やJICAの協力が目につきました。処分場のすぐ近くにあった感染性廃棄

物の焼却施設を見学したときにも、2つの焼却炉のうち1つは日本から
の贈り物（草の根無償資金協力で実施）であり、そこで見かけた車も日
本の国民からの贈り物（環境プログラム無償で実施）でした。それ以外
にも、廃棄物の基本計画作りとか、人材養成にも日本は大変力を入れて
協力しているのです。

色んな顔を持つウェイスト・コンサーン

　「廃棄物に関心を持つこと」といった意味を持つこの団体をダッカの
中心部に見つけて訪問しました。日本のテレビ番組でも何回も取り上げ
られ比較的有名になりました。ウェイスト・コンサーンはグループとし
て非営利団体や株式会社をいくつも持っています。彼らはソーシャルビ
ジネス企業で社会に必要な責任を果たす企業を目指しているとのことで
す。グループとして150人が働いているそうで、総売り上げは70万ド
ル（7,000万円）ぐらいだそうです。日本の基準では10億円以上の売り
上げでしょう。国や国際機関から委託されて調査や人材養成など非営利
団体としての活動を行っています。労働者用、マネージャークラス、幹
部候補生を対象にした3つのプログラムを世界から来る研修受講生に提
供しています。

廃棄物ビジネスを手がけるウェイスト・コンサーン

　ビジネスとして最も知られている事業が、市場の生ごみを回収してコ
ンポストにする事業です。市場で野菜などの販売をしている事業者が自
ら生ごみを市場内のコンテナまで持ってきます。それをコンポスト製造
工場（ダッカの中心から20km離れているため片道2時間かかります）
まで運んで行き（収集コストは7ドル／t）、コンポストを製造してい
ます。できたコンポストは小さなプラスチックの袋に入れて販売します
が、1tにすると約110ドル（1万1,000円）で売れていることになり
ます。需要は非常にあるそうですが、重要なのは品質管理であり自前の

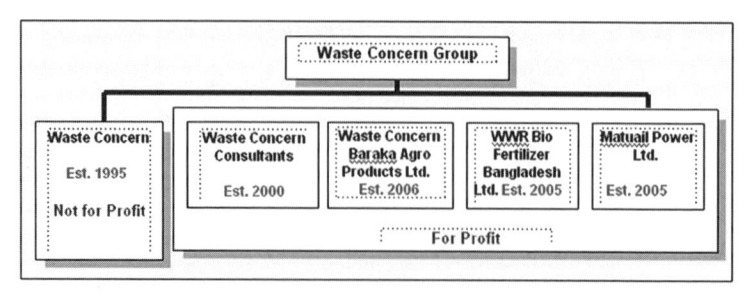

図 5-2　ウェイスト・コンサーンのグループ企業
（非営利企業と営利企業 4 社からなる）

表 5-1　ウェイスト・コンサーンの活動

Impact of Our Activities		
Waste Recycled	97325	(MT)
GHG Reduced	43796.25	(CO$_2$e)
Landfill Saved	107057.5	(M^3)

（同社のホームページには、今までにコンポストとして処理された量、炭酸ガスの削減量、埋立処分を回避できた量が毎日更新されて掲載されている）

実験室で 100t に 1 サンプルを採って分析し基準に合っているかを確認しています。回収している生ごみは 100t ／日です。そのうち約 90％がコンポストになり、10％はコンポスト化できず残渣になります。この残渣を使ってごみ燃料（RDF）を作る実証実験を行ったそうです。近くRDF 製造工場を建設したいそうです。このように生ごみをコンポストにして、その成果としてのリサイクル量、炭酸ガスの排出削減、埋立回避量などを毎日ウェブで公表しています。もしコンポスト化がされなくて埋立処分がされるとすればダッカ市は処分場に運んでもらうためにトン当たり 30 ドルを支払わなければなりません。過去 4 年間で約 10 万 t を処理したのでダッカ市の節約分はそれだけでも 300 万ドルになるそうです。

5-17　メキシコのペットボトルリサイクル

　メキシコの IMER 社のペットボトルリサイクル工場と S.D.Myers 社の PCB 廃棄物処理施設を視察しました。日本では使用済みペットボトルの確保が難しくいまだボトルをボトルにするリサイクル施設の操業が困難な状況です。ペットボトルリサイクルの世界戦略をリサイクルマネージャーが語ってくれました。日本が困っている PCB 廃棄物の処理も 1999 年から民間の処理施設で行っています。

リサイクル工場

　メキシコ国人口 1 億人強でのコカコーラの販売実績は、2013 年現在、年間で 35 億ケースです。世界で一番のコカコーラの消費国とか。そのコーラの供給に使われているのがペットボトルです。このペット容器を、企業の社会的責任でリサイクルしています。この工場はコカコーラが調整役で、ボトルの容器メーカー（FEMSA 社）と飲料を製造するボトラー会社（ALPLA 社）の 3 社で工場を建設運営しています。この工場は 2,000 万ドルでメキシコシティの西南 70km に位置する工業団地に建設され 2005 年 7 月から操業されて 10 年目になります。この工場では、破砕、洗浄、選別、乾燥、洗浄、乾燥、色物選別、砂・金属分離、実験室分析などの工程を経て、ペットボトルのフレークを製造しています。同様の工場はイタリアのベニス、スイス、フィリピン、アメリカにあるそうです。アメリカのサウスカロライナに 2 つ目のペットボトルのリサイクル施設を 2008 年の 6 月には建設操業し、会社としてはかけがえのない地球のためにリサイクリングイニシアティブの一つとして推進しているそうです。

メキシコのペットボトル

　メキシコのごみの中の 6.1 ％がプラスチックです。プラスチックの

24%はペットです。ペットは年間70万tが市場に出回っています。そのうち一年間に約10万tがリサイクルされていますが、その約60%は中国などに輸出され、25%の約2万5,000tをこのリサイクル工場が引き受けています。引き受けているペットボトルは販売店、ごみの収集輸送過程、あるいは処分場で回収されたもので、中間取引業者から使用済みペット容器を買い取ってリサイクル事業を行っています。

このリサイクル工場の近くにペットボトル製造工場があり、そこで作るペットの原料の20%をIMER社が賄っています。将来は25%、いずれは50%まで持っていきたいとのことです。

今売っているペットボトルには10〜20%のペットボトルをリサイクルした原料が使われています。

採算性ですが工場に使用済みペットボトルを持ってきてもらって、ポンド当たり23セントで購入しています。ボトルの一本は標準の容器で20.6gです。ここで製品化すれば、ポンド当たり70セントでボトル容器の製造メーカーに売却でき経済的にやっとペイするようになってきました。この工場での35%は残渣として処分する必要があります。

PCB処理施設

PCB廃棄物についてはどこの国も困っています。住民の理解が得られないために簡単には焼却処理ができないからです。日本では、PCBを処理するための特別な法律ができました。その法律では15年以内に処理することが義務付けられ、地区割りにPCB廃棄物を化学的に処理する施設が建設され処理体制が整備されました。メキシコも日本と同様に化学処理を行っています。この施設は1998年に建設し1999年から操業しています。処理方法はアメリカの環境庁の開発した350℃でPCBを脱塩化するやり方です。PCBの濃度が10ppm以下になるまで処理をします。すぐ近くに実験室がありPCBの濃度を迅速に分析することができます。700万ドルの資金を投入して建設し、処理能力は年間1,000t、

液状のPCBを処理したり、固形状のPCB汚染物を処理したり、またトレーラに積んで移動する移動式の処理施設を持っています。処理コストはキログラム当たり3ドル前後で最近になって経済的にやっていけるようになったそうです。これから中南米のPCB廃棄物処理に貢献したいと説明してくれました。

ホテルのようなペットボトルリサイクル施設（IMER社）

メキシコ国のPCB廃棄物処理施設（S.D. Myers社）

第6章　ごみ対策で世界平和を

6-1　映画「ウォーリー」に見る 29 世紀の地球

　正月に楽しむ映画に、ごみ対策と関係ある映画に出くわしました。人類が住めなくなった地球を諦めて宇宙に脱出した後に、700 年もの間ごみ対策に取り組んだ一台のロボットの話「ウォーリー」（2008 年、アメリカ）です。たった一人でごみ処理を続けながら、時々見つけるお気に入りのごみを自分のコンテナに持ち帰ります。ある日拾ったビデオのダンスシーンを見て、ウォーリーは思います。だれかと手をつなぎたいな、と。この映画では何をメッセージとして伝えているのでしょうか？

夢を与える映画とごみ

　正月の楽しみは映画などを見ることです。今まで見た映画にごみ清掃とかリサイクルに関係するものがいくつかありました。「バック・トゥ・ザ・フューチャー」（1985 年、アメリカ）では、タイムマシンである改造車デロリアンの燃料に、落雷にあって使えなくなった時計台が使われているのです。ごみが車の燃料として有効利用され猛スピードで過去の世界に引き戻され展開される夢のような話です。

　「星の王子、ニューヨークへ行く」（1988 年、アメリカ）はアフリカのある王国のプリンス（エディ・マーフィー）が理想の花嫁を求めて、ニューヨークに行き一大騒動を巻き起こすコメディ映画です。星の王子がニューヨークで最初の仕事に就いたのがファーストフードの店でのフロア清掃です。ごみ掃除を楽しいコメディ風に描いています。

　このようにごみ掃除が楽しい職場でありまた社会でも重要な仕事であることを伝えています。また役に立たないごみが、リサイクルされれば深刻なエネルギー問題の解決になるとのメッセージだと思えます。

700 年もごみ掃除をする「ウォーリー」

　「ウォーリー」最初の場面は、地球に一人取り残されたロボット・ウォーリーが黙々とごみを回収し、圧縮し成型し、山に積み上げていくシーンです。それは 700 年という長い期間です。

　ごみは長い間に乾燥し金属類らしきがらくたばかりで生ごみなどは見受けられません。草木も生えていません。人類は 700 年前にアクシオム（AXIOM）号に乗って宇宙に脱出しているのです。映画は 29 世紀の話なので、その 700 年前は 22 世紀のことです。すなわち今から 100 年後の 22 世紀は地球は住めなくなるという設定です。

人間らしいロボット、何も出来ない人間

　ごみ片づけをしていたウォーリーが偵察機で地球に現れたロボット・イヴと出会い、その偵察機で大冒険をするのです。宇宙船で見た人間は何でもロボットに頼って、動く椅子に座り、全く働かなくなって、超肥満体質になっていたのでした。今の飛行機の中も宇宙船のようで、食べ物、飲み物、何でもボタンを押せばロボット、いやキャビンアテンダントが持ってきてくれます。私たちはシートベルトで縛られ、映画の中の風景と余り変わりません。映画の中では、ロボットのウォーリーとイヴが恋をしてまるでロボットのほうが人間らしく、人間はベルトに縛られてバーチャルの恋で済ませ、何もできなくなっていました。

「地球っていいな」

　映画は、消費者としての人類を痛烈に皮肉っています。ただただ受動的な消費と、思考の停止があるだけです。そんな人類の生活の対照として、ウォーリーの地球での生活が、非常に創造的で、工夫にあふれ、そしてとても温かみのあるものとして輝いて見えます。そしてウォーリーが偶然見つけた緑は、人類が地球に戻るための重要な鍵となるのでした。

　ウォーリーのお陰で地球に里帰りした人類は、地球を見て大喜びです。

生きていくのに必須な植物の再生は、バイオマスの重要性を訴えています。そして、まだごみだらけの、がれきの山の中にも希望の緑を見た人類のセリフは、『地球っていいな』でした。

地球を救うための知恵を

映画の中では、持続可能な社会を目指した今の戦略も失敗したのです。循環型社会を目指した努力も実を結ぶことはありません。今から100年後22世紀に、資源はなくなり、環境は破壊され、人類は生き残りを図るため宇宙に脱出します。残されたのはごみ掃除をするロボットとゴキブリだけという設定でした。今のような勢いで人口が増え、資源の消費が増えれば、資源は枯渇するでしょう。また環境も破壊され住めなくなり、人類にとっては役に立たない惑星、すなわち地球はごみになるのです。

私たちは、地球から脱出しなくて済む方法を見つけなければなりません。ロボットの力を借りなくても、ごみ掃除は私たちで行って緑の地球を守らなくてはなりません。そのためには、お互いに手に手をとって協力すること、そして知恵を絞って資源消費の無駄をなくし生き残り策を見つけなければなりません。

6-2　環境にやさしい商品やサービスの見分け方

商品やサービスの機能が同じなら、環境にやさしいものを消費者は選んで買うようになりました。環境にやさしい商品かどうかは、その商品の製造に必要な資源の採掘、その商品の生産、流通、消費、廃棄の段階で資源の投入量が少なく、また大気や水環境に排出される汚染物や温室効果ガスなど健康や環境に望ましくない環境負荷が少ないかどうかによって評価されます。それらを定期的に評価するライフサイクル・アセスメント（LCA）が注目されています。この考えをごみ処理にも当て

はめて考えてみましょう。

製品（プロダクツ）のライフサイクル・アセスメント

　私達は長い人生を「良かった」と言えるようにしたいものです。誕生から墓場までの人生をライフサイクル（Life　Cycle）と呼び、それを評価することをアセスメント（Assessment）と呼びます。私達の生活を豊かにする商品についても同様に、資源を大切にし、環境に負荷を与えない商品であって欲しいものです。そこで、その商品（Product）の生い立ち、すなわち誕生から墓場までを評価して本当に環境面で良い製品はどちらかを比べるようになりました。典型的な比較は、紙オムツと布オムツの比較例です。簡単に使える便利な紙オムツも大量にごみが発生することから、大きなごみ問題ではないかと思われます。しかしPLCA（プロダクト・ライフサイクル・アセスメント：製品の一生涯を環境面から評価）をしてみれば、意外と紙オムツは燃やしてエネルギー活用すれば資源の浪費にならず、布オムツを繰り返し使うと洗濯に大量の水や電気を使って、その汚水を処理するので、資源や環境面からはむしろ紙オムツより布オムツのほうが良くないというレポートもあります。

ごみ処理にも定期的な見直しが必要

　店に並んでいるときは、手に入れたいと思われたものも、消費後にごみとなれば嫌われ、その後始末をするにも燃やしてはならない、埋め立てしてもダメだと色々注文があります。そのため物質回収によるリサイクルが声高に叫ばれています。

　どこの自治体も何らかのごみ処理をしていますが、これからは循環型社会構築のために今までより資源の保全になるような処理方法や、汚染対策が徹底した処理方法など色々見直しが必要です。たとえば収集の仕方や処理方式を環境面や費用面から見直すこともあるでしょう。現在、

容器包装リサイクル法をはじめ循環型社会を目指した法整備が整ってきました。

これらにより自治体は分別方法の変更や、各戸収集からステーション収集への効率的収集や収集頻度の見直しなど様々な見直しが必要になります。また、住民の理解と協力を得るための見直しもあるでしょう。いずれにしても住民にはごみ処理の施策や技術を選択した根拠や、選択した処理方式の効果を分析評価して公表説明する必要があります。

方策や技術の選択に廃棄物のライフサイクル・アセスメント（WLCA）

現行のごみ処理に対して、色々な方策や技術による改善提案がなされますが、本当に改善につながるのでしょうか。最終処分場の確保や焼却施設の整備がだんだん困難になり、生産者の引き取りや有料化などの経済的手段、資源ごみ選別施設や粗大ごみ破砕施設などのリサイクル施設の活用、広域処理等、自治体のごみ処理の施策や処理技術の選択が多様化してきています。

自治体ごとに分別方法や収集制度、処理方式、処理技術にはどうしてこんなに違いがあるのかと思うほど自治体ごとに違いがあります。例えば最終処分場の確保が不可能といった自治体では焼却灰をセメント原料にしたり、溶融スラグ化により埋立てに依存しないごみ処理を目指している自治体があります。こうした色々な改善提案が本当に現状より良くなるのかを評価するために、廃棄物（Waste）の収集・運搬・処分の一連の流れにおける資源・エネルギー消費、環境負荷を定量的に見積もり（WLCA：ウェイスト・ライフサイクル・アセスメント）、また処理費用を解析して、資源効率性、環境効率性、経済効率性を定量的に比較することが重要と思われます（図6－1）。

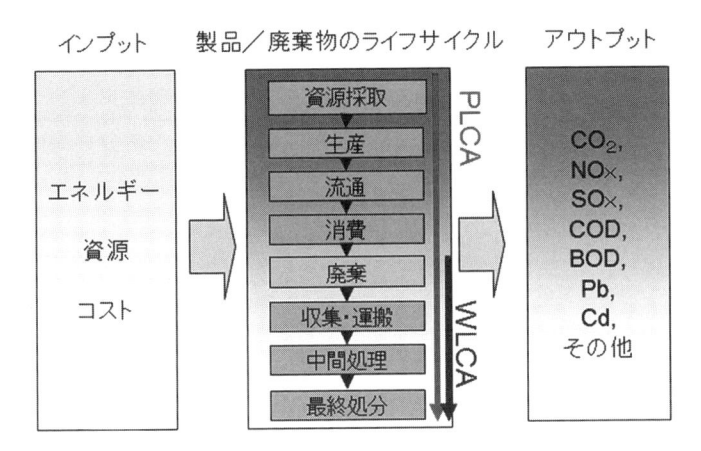

図 6-1 製品のライフサイクルアセスメント（PLCA）と
廃棄物のライフサイクルアセスメント（WLCA）

6-3 どこまで許せる環境負荷

　商品や技術の選択には費用だけではなく、環境面も大切にして考えよ
うということで、物質・エネルギー資源の消費や、環境の負荷を出来る
だけ少なくする手立てとして、ライフサイクル・アセスメント（LCA）
の考えは多くの人の共感を呼んでいます。しかし LCA の考えだけでは
落とし穴もあり適用の限界もあります。経済や環境面以外にも考えなけ
ればならないことはたくさんあります。

良し悪しの判断の物差し

　物事の評価のものさしは、私たちが生まれ育ってきた環境や教育で出
来ています。循環型社会を形成していこうという呼びかけに賛同するか
どうかもその人の価値観によって左右されます。ごみ処理方式の選択も
住民の選択に委ねれば、ごみ処理費用負担を最小にする選択肢もあれば、

環境面を重要視する選択肢もあります。自分たちが時間を提供して分別や集団回収に参加するなどの労力の提供を惜しむか否かは、時代とともにまた地域によっても違いがあり、一人ひとりの価値観によって違ってきます。また事業主体である自治体の財政事情とか、処分場の確保の実状によっても自ずと選択に違いが出てきます。

　多くの人は環境負荷が少ない方が良いと思っているでしょう。ここで環境負荷といえば、当然問題となるような重大な環境負荷を想定していて、その場合は少ない方が良いでしょう。それでは問題になるような環境負荷とはどのような汚染物質あるいはどの程度の排出量を言うのでしょうか？　日本のような先進国では、色々な科学的情報を元に、あるいは専門家の意見も入れて安全性に問題がないような環境の質を決めています。それが環境基準です。環境基準以下であれば安心してよいという基準で、問題にならないと判断される基準です。その環境基準を守るために、施設から環境に排出される汚染物質の量については排出基準が決められています。その基準が守られていれば、環境汚染をする心配はないので環境負荷も排出基準以下であれば問題にはならないと考えて良いでしょう。基準を超えていなければ問題がないとすれば、排出基準より減らす必要はなく、それ以上に減らせば資源が余分にかかるし、コストも増えるのが一般的です。LCA では排出基準は当然守られるが環境負荷はできるだけ少なくすることを促進する狙いが有ります。

環境教育の効果は評価されていない？

　私たちがごみの分別や集団回収に参加することによって環境問題を考え実践する環境教育の効果も見逃せません。その意味では、新聞や雑誌の回収をボランティアの集団回収で行うのが資源や環境、コスト負担も考えて一番良いでしょう。また燃やせないガラスびん、金属カンの家庭での分別排出は資源回収に役立ちます。しかし種類の多い分別回収は回収のためにむしろより多くの燃料消費やコスト高を招きます。分別のあ

る分別をして、収集・輸送コストの増大や全体の処理コストの増大につながる「リサイクル貧乏」といわれる状況は避けたいものです（図6‐2）。

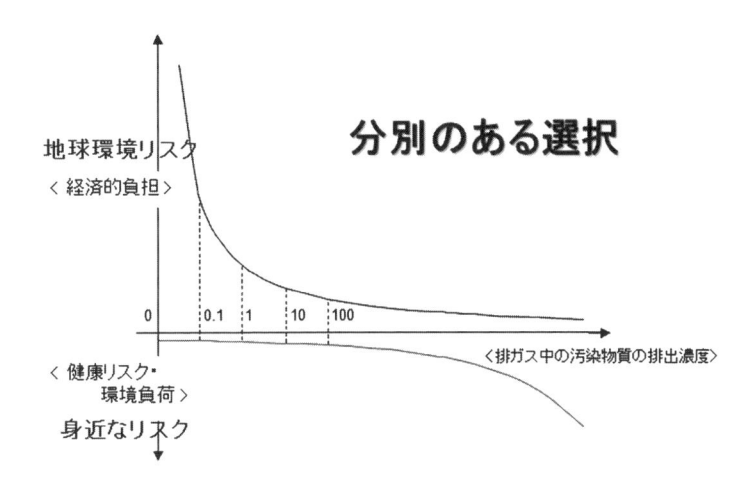

図6-2　身近なリスクと地球環境リスクのトレードオフ

ごみ処理でLCA的解析が求められる訳

　ごみ処理の分別方式や収集の仕方、収集頻度、処理技術などは、それぞれの自治体で異なっています。それぞれの自治体で事情が違うのはいたし方がないのですが、それが一番良い選択でしょうか。関係者に理解を得るために説明責任を果たしていくことが求められるようになってきました。自治体の置かれている状況、その中で実行可能な選択肢は何か、費用面、資源の消費、環境負荷の面からどのように違いがあるのかを明らかにして、選択した理由を説明することが必要です。LCAの結果以外にも、処理技術や処理方式の信頼性や安全面、住民の理解・協力など社会的な側面からも判断して最終的に決めることになります。

LCA 適用の限界と普及策

　LCA では埋立処分場に保管された、廃棄物あるいはその中に含まれる汚染物質が将来漏れる可能性、そのリスクまでを評価していません。地球温室ガスなど地球レベルでの環境負荷とダイオキシンとか窒素酸化物、煤塵などの地域レベルでの環境負荷のトレードオフの関係もあるでしょう。またごみ処理の目的である公衆衛生レベルの向上、生活環境保全レベルの向上といったごみ処理の目的の達成程度はどう考えたらよいのでしょうか。また処理システムの安定的な運用、それにまつわる安全性などは別途考慮しなければならない点です。

種類の多い分別回収で忘れてはならないのが収集運搬

6-4　ごみ対策で平和な社会を築こう

　昭和 30 年代（1955 年〜）は日本の公害被害が大きく報道されていました。私の父も大気汚染で健康を害していたので、子供心に地球のお医者になろうとの思いから環境分野を専攻することにしました。大学での初めての研究課題は「ごみを効率よく収集する方法」でした。それが最近では、「持続可能な社会の構築」と言った、地球の延命策を探すのが課題になりました。ごみ対策で地球を救うシナリオを考えてみました。

持続的に発生する貴重な資源＝廃棄物

　私たちが生活すればごみが発生します。経済活動に伴って産業廃棄物も発生します。今日排出された廃棄物を物質資源またはエネルギー資源として消費活用しても、また明日も同じように廃棄物は排出されます。従って、このような持続的に発生する廃棄物を資源として活用し化石資源の消費量を減らすことになれば、低炭素社会実現に貢献していると言えるでしょう。

　焼却施設がない開発途上国では、埋め立てるか物質資源として回収リサイクルするしか方法がないのです。アメリカでは未だにごみの処理はほとんど埋立処分に依存していますが、メタンガスの地球温暖化の問題から廃棄物の埋立処分を中止すべきだという議論があります。またヨーロッパ（ＥＵ）では、全エネルギー消費に占める再生可能なエネルギーの比率を高める必要性から再生可能資源として、炭酸ガスを出さないバイオマスのみならず、未利用な廃プラスチックが注目されています。持続的に発生する貴重な資源、廃棄物を最大限活用して資源の保全、特に化石資源の保全につながるごみ対策が取られるようにならなければなりません。

ごみ対策が地球を救う

　低炭素社会の実現の為に炭酸ガスの排出量を大幅に削減する目標を達成するには、再生可能エネルギーとして有機性廃棄物であるバイオマスの活用も最大限増やすことも重要ですが、それだけでは限界があります。今や安全な原子力の活用が不可欠です。その最大のネックは、放射性廃棄物の処理です。放射性廃棄物の解決により、炭酸ガスを出さない原子力発電が進み化石燃料の消費を減らせます。炭酸ガスの削減目標を達成するには放射性廃棄物処理が必要で、低炭素社会の実現につながり地球を救うのです。ごみ対策で最終処分場、中間処理で培った技術やノウハウを使って放射性廃棄物の適正処理を確保することが極めて重要です。

世界の人々と共に３Ｒ社会を

　開発途上国の人口増と経済成長の結果、資源の消費に伴い廃棄物発生は急増し、資源の枯渇、炭酸ガスなどの環境負荷の急増、生態系の破壊が心配されます。これからはなお一層、生産者や消費者、排出事業者、廃棄物処理の分野の人たち皆で３Ｒの推進で有限な資源の消費を少なくし、廃棄物の適正処理で環境汚染を少なくする廃棄物マネジメントを推し進めなければなりません。それが循環型社会、低炭素社会、自然共生社会の構築につながり、持続可能な社会を作っていく道筋を作ることができるのです。言ってみれば、ごみ対策が持続可能な社会の構築の実現にとって大きな役割を果たすことになるのです。

　資源問題や地球温暖化の問題は世界規模で取り組まねばなりません。またアジアの開発途上国の処分場では、多くの人たちが有価物を回収しています。都市ごみも産業廃棄物も一緒に投棄処分（オープンダンピング）されており、いつも煙が発生するスモーキーマウンテンになっていて、インドネシアやフィリピンでは廃棄物に埋もれて亡くなる事故が定期的に起こっています。このような状況を改善して、公衆衛生レベルを向上し、生活環境を保全する廃棄物処理の目的を達成するために、日本の経験や技術を提供して世界の国々が助け合える世界平和に貢献したいものです。

集団回収などに参加して平和な社会を

　世の中には社会のために、環境のために何か尽くしたいと思っている人がたくさんいます。ボランタリーで海岸でごみを拾い、集団回収に参加してリサイクルに関わり、社会にとって役に立つことをする機会に参加する人が大勢います。このような活動にはNPO（非営利団体）の果たす役割が重要です。個人個人の参加を促し、それが評価されるような仕組みづくりです。行政もそのような活動を支援する必要があります。ごみ対策に関心をもつことで仲間との触れ合いが増え、物を大切にし、

人を大切にするようになり、人の心を思いやる心が育ちます。こんな人が地球の上にあふれれば、戦争はなくなるでしょう。そのような人づくりがごみ対策のもう一つの大きな効果なのです。物を大切にする心を身につけ、人を大切にする人が増えれば、地球は平和な社会、楽園になるでしょう。

地球を滅ぼす戦争兵器のリサイクル

国家の防衛と安全のためと言いながら、大量の破壊兵器を準備し地球の至るところで紛争が起きています。国家間の戦争でなくても地域紛争でも多くの廃棄物が発生し、資源を無駄にしています。しかも環境を汚染し生態系を破壊しているのです。環境を保全し資源を無駄なく活用するためには、戦争のない平和な社会を作ることが大切です。

平和な社会になれば武器は要らなくなりごみになります。その時に必要なのは武器をリサイクルして平和利用する武器ごみ対策です。武器を平和利用に転換できれば武器のない社会、すなわち平和な社会の到来です。

あとがき

　私がごみ問題に係わって 50 年になります。私は第二次世界大戦が始まる 1 カ月前の 1941 年 11 月に生まれました。父は岡山市内で鉄工所を経営しており、羽振りは良かったのですが戦後は岡山市から実家の金光町に帰って生活をしていました。田舎には硫黄を燃やして麦わらを漂白する蒸し小屋がたくさんありました。その硫黄の煙が原因で、父は喘息を患っていました。一家の大黒柱が病人になっていたわが家には、収入は無く貧しい生活を強いられており、ものを粗末にしないように教えられてきました。そのような中で、通っていた金光学園中学高等学校では「人を大切に、自分を大切に、ものを大切に」が毎週の朝礼での学園長の訓辞でした。ものを大切にする生活、環境を大切にすることを教えられた幼少期でした。

　1960 年に大学に入学した時、健康な生活に不可欠な水道、下水道、大気汚染対策を学べる衛生工学を専攻しました。1965 年にはアメリカのイリノイ州のエバンストンにあるノースウェスタン大学の大学院に留学し、環境衛生工学を専攻しましたが、その時に大気汚染問題か廃棄物問題のどちらかを選択をすることが奨学金を貰う条件でした。人間が生活する限り継続的に排出される廃棄物の問題に挑戦してみようと思い「廃棄物問題」を選びました。後で分かったことですが、アメリカで最初の廃棄物処理法（Solid Waste Disposal Act of 1965）ができて、アメリカ環境保護庁（EPA）の人材養成プログラムの予算で私は廃棄物の勉強ができたというわけです。

　私が取り組んだ最初のごみ研究のテーマは、各家庭から排出されるごみをどのように収集するかといった収集経路の最適化についてでした。

それが最終処分場からの浸出液の処理や、ダイオキシン類の対策技術の開発など個別技術の開発がテーマになりました。その後廃棄物処理計画、住民とのリスクコミュニケーションと、研究分野もハードな技術からソフトな技術に変わってきました。最近では、生活様式の転換や３Ｒの取り組みによる循環型社会の構築といった社会の最適化が重要なテーマになってきました。

　ごみ学といった学問が確立しているわけではありません。ごみ問題の解決には多くの経験で得られた知見を整理して、その中から原理原則を見つけて、ごみ問題の解決に生かすのです。そのために多くの人たちが積み上げた経験を活かし、継承する仕組みを作ることが重要です。市町村のごみ処理の実務者の経験を発表し議論する場として、全国都市清掃会議の研究・事例発表会があります。1980 年にスタートして 2015 年１月には沼津市で 36 回目を開催しましたが、120 件の論文が発表され約 700 人の関係者が集まりました。1990 年には廃棄物学会（現在は廃棄物資源循環学会）をスタートさせることができました。このような場は、関係者間の情報交換のみならず、同じ分野で多くの仲間が誇りを持って頑張っていることを知るよい機会です。経験や知恵を共有して、解決のノウハウを再使用、再生利用することが、ごみ問題の解決に必要です。

　自分の仕事に誇りを持ち、将来に夢を持って困難な問題の解決も自分の使命だと思えれば幸せだと思います。ごみ問題の解決は、循環型社会づくりの鍵を握っている重要な仕事です。世界の重要な課題を議論するＧ８の場で３Ｒが取り上げられました。安定的な電力供給の観点から放射性廃棄物の問題解決が待たれています。災害廃棄物、中でも放射性物質によって汚染された指定廃棄物問題の早期解決も復興の要です。このような難しい問題を解決するのも廃棄物問題に取り組んでいる私たちの使命です。若い人たちがこの分野にあこがれてやってくるような時代に

なろうとしています。そのような夢を持って仕事に取り組んできました。仕事には誇り（Pride）、夢（Dream）、使命（Mission）の PDM が重要です。

　岡山には「桃太郎」という昔ばなしがあります。キジ、犬、猿をお供にして、村人に悪いことをする鬼をやっつけて、宝物を奪い返します。ごみについても、桃太郎のように多くの仲間の協力を得て問題解決することが大切です。桃太郎であるあなたにごみ問題である鬼をやっつけてもらいたいのです。キジ、犬、猿は情報、制度、専門家の助言を意味します。つまりキジ（Pheasant）、犬（Dog）、猿（Monkey）の PDM が役に立つのです。この本が"厄介者のごみを宝物に変える"あなたへのヒントになれば幸いです。

　この本の刊行までには色々な方のご協力をいただきました。特に鳥取環境大学のサステイナビリティ研究所のスタッフには情報の収集や校正の段階でお世話になりました。また短時間での編集印刷という無理なスケジュールで刊行にこぎつけていただきました環境新聞社の担当者に紙面を借りてお礼を申し上げます。

2015 年 3 月

田中　勝

【著者略歴】田中　勝（たなか・まさる）

1941 年岡山生まれ。1960 年岡山県金光学園高等学校を卒業、1964 年京都大学衛生工学科卒業、1970 年アメリカノースウェスタン大学大学院博士課程環境衛生工学専攻修了。同年 Ph.D（工学博士）取得。ミシガン州立ウェインステイト大学助教授、国立公衆衛生院廃棄物工学部長、岡山大学大学院環境学研究科教授を経て、公立鳥取環境大学サステイナビリティ研究所長・特任教授。廃棄物学会会長、環境省中央環境審議会廃棄物・リサイクル部会長、東京都廃棄物審議会長を歴任。岡山大学名誉教授、公益財団法人廃棄物・3 R 研究財団理事長、㈱廃棄物工学研究所長。
著書に「循環型社会評価手法の基礎知識」（編著）（技報堂出版、2007 年）、「循環型社会への処方箋－資源循環と廃棄物マネジメント－」（編著）（中央法規出版、2007 年）、「戦略的廃棄物マネジメント」（編著）（岡山大学出版会、2008 年）、「ごみハンドブック」（編著）（丸善、2008 年）、「ごみ収集—理論と実践」（編著）（丸善、2011 年）、「Municipal Solid Waste Management in Asia and Pacific Islands」（編著）（Springer, 2014 年）など多数。

ごみは宝の山

2015 年 3 月 27 日　　第 1 版第 1 刷発行

著　　　者	田中　勝
発　行　者	波田　幸夫
発　行　所	株式会社環境新聞社
	〒 160-0004　東京都新宿区四谷 3-1-3　第一富澤ビル
	TEL.03-3359-5371 ㈹
	FAX.03-3351-1939
	http://www.kankyo-news.co.jp
印刷・製本	株式会社平河工業社
表紙他制作	環境新聞社制作デザイン室